Lexikon | *obras de referência*

GLÓRIA DIAS
ANA LUCIA DE SOUSA
MÁRIO LUIZ ALVES DE LIMA

álgebra linear

COMITÊ EDITORIAL   *Regiane Burger, Mathusalécio Padilha, Glória Dias*

LÍDER DO PROJETO   *Glória Dias*

AUTORES DOS ORIGINAIS   *Glória Dias, Ana Lucia de Sousa e Mário Luiz Alves de Lima*

PROJETO EDITORIAL
Lexikon Editora

REVISÃO TÉCNICA
Profa. Dra. Myriam Sertã

DIRETOR EDITORIAL
Carlos Augusto Lacerda

REVISÃO
Isabel Newlands

COORDENAÇÃO EDITORIAL
Sonia Hey

DIAGRAMAÇÃO
Nathanael Souza

ASSISTENTE EDITORIAL
Luciana Aché

CAPA
Sense Design

PROJETO GRÁFICO
Paulo Vitor Fernandes Bastos

IMAGEM DA CAPA
© *MartinaVaculikova | iStockphoto o – Mathematics seamless pattern* – Ilustração

© 2015, by Lexikon Editorial Digital

Todos os direitos reservados. Nenhuma parte desta obra pode ser apropriada e estocada em sistema de banco de dados ou processo similar, em qualquer forma ou meio, seja eletrônico, de fotocópia, gravação etc., sem a permissão do detentor do copirraite.

CIP-BRASIL. CATALOGAÇÃO NA PUBLICAÇÃO
SINDICATO NACIONAL DOS EDITORES DE LIVROS, RJ

D532a

    Dias, Glória
        Álgebra linear / Glória Dias, Ana Lucia de Sousa, Mário Luiz Alves de Lima. - 1. ed. - Rio de Janeiro : Lexikon, 2015.
        196 p. ; 28 cm.
        Inclui bibliografia
        ISBN 978-85-8300-023-5

        1. Álgebra linear. I. Sousa, Ana Lucia de. II. Lima, Mário Luiz Alves de. III. Título.

CDD: 512.5
CDU: 512.64

Lexikon Editora Digital
Rua da Assembleia, 92/3º andar – Centro
20011-000 Rio de Janeiro – RJ – Brasil
Tel.: (21) 2526-6800 – Fax: (21) 2526-6824
www.lexikon.com.br – sac@lexikon.com.br

Sumário

Prefácio — 5

1. Matrizes — 7

1.1 Definição de matrizes — 9
1.2 Matriz quadrada — 10
1.3 Tipos de matrizes — 15
1.4 Operações com matrizes — 16

2. Determinantes — 27

2.1 Determinantes — 29
2.2 Propriedades dos determinantes — 30
2.3 Sistemas de duas equações lineares com duas incógnitas — 39

3. Resolução de sistemas — 61

3.1 Introdução — 62
3.2 Resolução através da eliminação de linhas — 64
3.3 Resolução através do método da matriz inversa — 79
3.4 Regra de Cramer — 82
3.5 Discussão de um sistema — 89

4. Espaços vetoriais e subespaços vetoriais — 97

4.1 Introdução — 98
4.2 Espaço vetorial — 99
4.3 Combinação linear — 107
4.4 Dependência e independência linear — 113
4.5 Base e dimensão de um subespaço vetorial — 117
4.6 Posto e nulidade — 122

5. Transformadas lineares — 131

5.1 Introdução 132
5.2 Transformadas matriciais e transformadas lineares de $\Re^n$ em $\Re^m$ 134
5.3 A matriz de uma transformada linear 143
5.4 Núcleo e imagem de uma transformada linear 150
5.5 Aplicação a cadeias de Markov 156

6. Autovalores e autovetores — 161

6.1 Conceito 162
6.2 Autovalores e autovetores 163
6.3 Equação característica 167
6.4 Diagonalização de matrizes 181
6.5 Aplicação a cadeias de Markov 191

Prefácio

Um dia, alguém mencionou que não sabia o encanto que se encontrava escondido na matemática, pois quem começava a estudar e a entender essa bela ciência logo se apaixonava por ela. Nós, particularmente, não acreditamos que a paixão consiga ser explicada; ela simplesmente chega mais cedo ou mais tarde em nossas vidas, sem pedir licença e nos toma por completo. Esse sentimento brota nos mais áridos terrenos, deixando a todos perplexos e em busca de explicações que nunca nos satisfazem por completo. Pessoas se apaixonam por pessoas, pelo trabalho, por estudo, por ensinar e por coisas que nem sabem se existem. Entretanto, uma coisa é inegável: é necessário que criemos as condições ou então que elas surjam em nossas vidas de forma espontânea.

Munidos desse espírito, de propiciar a todos um contato com os "entes" matemáticos, é que resolvemos criar um espaço para tentar semear as sementes que poderão resultar, quem sabe, para alguns de nossos leitores, na paixão por essa bela ciência. Apresentaremos curiosidades, fatos pitorescos, episódios verdadeiros, crimes e muito mais nessa espécie de apêndice. Peguem o que julgarem necessário (papel e lápis costumam ser objetos preciosos), ocupem seus lugares nas cadeiras e deixem suas mentes livres para que possam criar.

OS AUTORES

1 Matrizes

MÁRIO LUIZ ALVES DE LIMA

1 Matrizes

REFLEXÃO

"... o Universo permanece continuamente aberto à nossa contemplação, mas nunca poderá ser compreendido a não ser que se aprenda primeiro a entender a sua linguagem e a interpretar os signos em que se encontra escrito. Encontra-se expresso na linguagem de matemática, e os signos são triângulos, circunferências e outras figuras geométricas sem as quais é humanamente impossível compreender uma única das suas palavras; sem esses signos ficamos a vaguear num escuro labirinto."

Galileu

OBJETIVOS

O leitor deverá ser capaz de:

- Representar situações do cotidiano por meio de matrizes.

- Reconhecer os diferentes tipos de matrizes, bem como extrair informações relevantes de uma determinada matriz que traduz uma situação-problema.

- Efetuar as diversas operações com matrizes e reconhecer as suas principais propriedades.

- Ser capaz de associar matrizes aos diversos campos do conhecimento.

CURIOSIDADE

Você sabia?

A álgebra das matrizes foi descoberta pelo matemático inglês Arthur Cayley (1821-1895) em 1857, em conexão com as transformações lineares do tipo

$x' = ax + by$

$y' = cx + dy$

onde a, b, c, d são números reais; estas transformações lineares podem ser concebidas como aplicações que levam o ponto (x, y) no ponto (x', y'), como veremos mais adiante.

Consideremos a seguinte situação:

Nos três primeiros meses do ano (janeiro, fevereiro e março) as unidades vendidas de um certo produto P_a foram respectivamente iguais a 100, 120 e 130, enquanto as de um outro produto P_b, foram respectivamente iguais a 110, 80 e 40.

Podemos transmitir essas informações de uma outra maneira, facilitando o entendimento dessas informações. Podemos estabelecer um quadro com esses dados, vejamos:

$$\begin{matrix} \text{janeiro} & \text{fevereiro} & \text{março} \\ \begin{bmatrix} 100 & 120 & 130 \\ 110 & 80 & 40 \end{bmatrix} \end{matrix}$$

A vantagem de escrevermos dessa forma é que as informações são assimiladas mais rapidamente e atingimos nossos objetivos de uma maneira mais fácil. Uma outra possível disposição seria:

$$\begin{matrix} P_a & P_b \\ \begin{bmatrix} 100 & 110 \\ 120 & 80 \\ 130 & 40 \end{bmatrix} \end{matrix}$$

Nas duas representações fica evidente que as vendas do produto P_a estão aumentando, enquanto as vendas do produto P_b estão diminuindo.

Essa forma de formatar esse conjunto de números podemos chamar de matrizes.

1.1 Definição de matrizes

Denominamos de matriz real do tipo m x n (leia: m por n) um conjunto de mxn números reais dispostos em m linhas e n colunas. Utilizaremos as letras maiúsculas do nosso alfabeto para representar as matrizes.

⭐ EXEMPLOS

1) $A = \begin{bmatrix} 100 & 120 & 130 \\ 110 & 80 & 40 \end{bmatrix}$; tipo: 2 x 3

> **CURIOSIDADE**
>
> "Uma geometria não pode ser mais verdadeira do que outra; poderá ser apenas mais cômoda."
>
> H. Poincaré

2) $B = \begin{bmatrix} 2 & 3 \\ 4 & 5 \end{bmatrix}$; tipo: 2 x 2

3) $C = [2 \quad 4 \quad 6]$; tipo: 1 x 3

Podemos substituir os colchetes pelos parênteses. Assim, temos:

$A = \begin{pmatrix} 1 & 3 & 5 \\ 3 & 4 & 5 \end{pmatrix}$; tipo: 2 x 3

1.2 Matriz quadrada

Quando a matriz apresentar número de linhas igual ao número de colunas diremos que a matriz é quadrada. Nesse caso, chamaremos de ordem o número de linhas (ou número de colunas) da matriz.

> **EXEMPLOS**

1) $A = \begin{bmatrix} 1 & 3 \\ 3 & 9 \end{bmatrix}$; $O(A) = 2$

2) $B = \begin{bmatrix} 1 & 2 & 4 \\ 3 & 2 & 1 \\ 0 & \sqrt{3} & \sqrt{5} \end{bmatrix}$; $O(B) = 3$

Representação

Em uma matriz qualquer A, cada elemento é indicado por a_{ij}. O índice i indica a linha e o índice j a coluna às quais o elemento pertence. Podemos tomar como base os exemplos abaixo.

$A = \begin{bmatrix} 3 & 2 \\ 4 & 0 \end{bmatrix}$; $a_{11} = 3$, $a_{12} = 2$, $a_{21} = 4$ e $a_{22} = 0$

$B = \begin{bmatrix} 2 & 1 & 4 \\ 3 & 5 & 2 \end{bmatrix}$; $b_{11} = 2$, $b_{12} = 1$, $b_{13} = 4$, $b_{21} = 3$, $b_{22} = 4$ e $b_{23} = 2$

Diagonal principal – É formada pelos elementos da matriz quadrada onde o índice da linha é igual ao índice da coluna (i = j).

Diagonal secundária – É formada pelos elementos da matriz quadrada onde o índice da linha adicionado ao índice da coluna é igual a n adicionado a 1, onde n é a ordem da matriz (i + j = n + 1).

EXEMPLO

Considerando a matriz $A = \begin{pmatrix} 3 & 2 \\ 1 & 0 \end{pmatrix}$, temos:

Elementos que formam a diagonal principal: $a_{11} = 3$ e $a_{22} = 0$ (i = j).

Elementos que formam a diagonal secundária: $a_{12} = 2$ e $a_{21} = 1$ (i + j = n + 1).

EXERCÍCIOS RESOLVIDOS

1) Construa uma matriz $A = (a_{ij})$ 2 x 3 definida por a_{ij} = resto da divisão do produto ij por 3.

Solução

Cada elemento da matriz dada é o resto da divisão do produto do índice i que indica a linha pelo índice j que indica a coluna, por 3. Assim teremos:

$a_{11} = 1, a_{12} = 2$ e $a_{13} = 0$
$a_{21} = 2, a_{22} = 1$ e $a_{23} = 0$

$A = \begin{bmatrix} 1 & 2 & 0 \\ 2 & 1 & 0 \end{bmatrix}$

2) Na matriz $A = (a_{ij})_{3 \times 3}$, cada elemento da matriz representa o número de passes que o jogador i fez ao jogador j, ambos do mesmo time, durante uma partida de futebol realizada pelo campeonato estadual. Nessa matriz, os jogadores escolhidos para serem avaliados foram representados pelos números 1, 2 e 3; assim sendo, o elemento da matriz $a_{23} = 5$, por exemplo, significa que o jogador 2 realizou 5 passes para o jogador 3. Considerando a matriz $A = \begin{pmatrix} 0 & 3 & 2 \\ 4 & 0 & 5 \\ 2 & 3 & 0 \end{pmatrix}$ pergunta-se:

a) Qual o jogador que realizou o maior número de passes?
b) Qual o jogador que recebeu o maior número de passes?

Solução

Devemos notar que os passes dados serão obtidos pela soma dos elementos que formam cada uma das linhas da matriz, enquanto os passes recebidos serão contabilizados nas colunas. Logo, teremos:

Passes realizados pelo jogador 1: 5

Passes realizados pelo jogador 2: 9
Passes realizados pelo jogador 3: 5
Passes recebidos pelo jogador 1: 6
Passes recebidos pelo jogador 2: 6
Passes recebidos pelo jogador 3: 7

Mediante o que foi exposto acima é fácil concluir que:

a) O jogador que mais realizou passes foi o de número 2, com um número de passes igual a 9.
b) O jogador que mais recebeu passes foi o de número 3, com um número de passes igual a 7.

3) Na matriz $A = (a_{ij})_{3 \times 3}$, cada elemento a_{ij} da matriz significa o número de vezes que uma aeronave decolou do aeroporto i tendo aterrissado no aeroporto j. Sabe-se que uma aeronave nunca aterrissa no mesmo aeroporto do qual tenha decolado. Com base na matriz $A = \begin{bmatrix} 0 & x & 5 \\ 2x & 0 & 20 \\ y & 7 & 0 \end{bmatrix}$

e sabendo que esses aeroportos foram designados pelos números 1, 2 e 3, determine x e y sabendo que o triplo do número de decolagens do aeroporto 1 é igual ao número de decolagens do aeroporto 2 e que o número de decolagens e aterrissagens no aeroporto 3 é o mesmo.

Solução

Tendo a matriz A como referência e prestando atenção nas informações dadas no problema, podemos escrever as seguintes equações:

$3(0 + x + 5) = 2x + 20$ (as linhas nos indicam o número de decolagens, enquanto as colunas nos fornecem o número de pousos)

$y + 7 + 0 = 5 + 20 + 0$

Resolvendo o sistema de equações, encontramos $x = 5$ e $y = 18$

4) (UFRJ) Uma confecção vai fabricar três tipos de roupas utilizando materiais diferentes. Considere a matriz $A = (a_{ij})$ a seguir, em que a_{ij} representa quantas unidades do material j serão empregadas para fabricar uma roupa do tipo i:

$$A = \begin{bmatrix} 5 & 0 & 2 \\ 0 & 1 & 3 \\ 4 & 2 & 1 \end{bmatrix}$$

a) Quantas unidades do material 3 serão empregadas na confecção de uma roupa do tipo 2?
b) Calcule o total de unidades do material 1 que será empregado para fabricar cinco roupas do tipo 1, quatro roupas do tipo 2 e duas roupas do tipo 3.

Solução

a) A pergunta feita no item a é equivalente a: "Qual é o elemento que se situa na segunda linha com a terceira coluna, ou seja, o elemento a_{23}?". Portanto, a resposta é imediata: 3.

b) A pergunta do item b é equivalente a: "Qual é o valor de: $5a_{11} + 4a_{21} + 2a_{31}$?". Basta que observemos o fato de que a pergunta é referente ao material 1, o que nos remete para a primeira coluna. O que varia, na verdade, é o número da linha, pois o mesmo representa o tipo da roupa. Logo teremos:

$5 \times (5) + 4 \times (0) + 2 \times (4) = 33$

CURIOSIDADE

Uma estranha relação entre números naturais e consecutivos:
$3^3 + 4^3 + 5^3 = 6^3$
$27 + 64 + 125 = 216$
$216 = 216$ (verdadeira)

Outra relação muito interessante:
$10^2 + 11^2 + 12^2 = 13^2 + 14^2$
Devemos observar que os dois membros da igualdade apresentam soma 365, que corresponde ao número de dias de um ano.

COMENTÁRIO

Os exercícios de fixação podem ser:
1) realizados em sala de aula;
2) resolvidos em casa e posteriormente serem tiradas as dúvidas;
3) utilizados como uma atividade.

EXERCÍCIOS DE FIXAÇÃO

1) (FGV) Três ônibus levaram alunos de uma escola para uma excursão. Em uma parada, todos os alunos saíram dos ônibus. Todos prosseguiram a viagem, mas não necessariamente no ônibus de onde tinham saído. Na matriz abaixo, a_{ij} representa o número de pessoas que saiu do ônibus i e subiu no ônibus j após a parada.

$$\begin{bmatrix} 30 & 5 & 7 \\ 2 & 25 & 8 \\ 3 & 6 & 20 \end{bmatrix}$$

Então, podemos concluir que:
a) Participaram da excursão 75 alunos.
b) Um dos ônibus permaneceu com o mesmo número de passageiros.
c) O ônibus 1 perdeu 6 passageiros.
d) O ônibus 2 ganhou 4 passageiros.
e) O ônibus 3 ganhou 6 passageiros.

2) Três pessoas, que chamaremos de 1, 2 e 3, se comunicam invariavelmente por e-mail. Na matriz abaixo, cada elemento a_{ij} significa o número de e-mails que i enviou para j no mês passado.

$$\begin{bmatrix} 0 & 14 & 18 \\ 16 & 0 & 22 \\ 12 & 24 & 0 \end{bmatrix}$$

Podemos concluir que:
a) Quem mais enviou e-mails foi 1.
b) Duas pessoas enviaram o mesmo número de e-mails.
c) Quem mais recebeu e-mails foi 2.

d) Quem mais recebeu e-mails foi 3.
e) Duas pessoas receberam o mesmo número de e-mails.

3) (FGV) A organização econômica Merco é formada pelos países 1, 2 e 3. O volume anual de negócios realizados entre os três parceiros é representado em uma matriz A, com 3 linhas e 3 colunas, na qual o elemento da linha i e coluna j informa quanto o país i exportou para o país j, em bilhões de dólares.

Se $A = \begin{bmatrix} 0 & 1,2 & 3,1 \\ 2,1 & 0 & 2,5 \\ 0,9 & 3,2 & 0 \end{bmatrix}$, então o país que mais exportou e o que mais importou no Merco foi, respectivamente:

a) 1 e 2   b) 2 e 2   c) 2 e 3   d) 3 e 1   e) 3 e 2

4) (UNESP) Considere três lojas, L_1, L_2 e L_3, e três tipos de produtos, P_1, P_2 e P_3. A matriz a seguir descreve a quantidade de cada produto vendido por cada loja na primeira semana de dezembro. Cada elemento a_{ij} da matriz indica a quantidade do produto P_i vendido pela loja L_j, i, j = 1,2,3.

$$\begin{array}{c} \\ P_1 \\ P_2 \\ P_3 \end{array} \begin{array}{ccc} L_1 & L_2 & L_3 \\ \left[\begin{matrix} 30 & 19 & 20 \\ 15 & 10 & 8 \\ 12 & 16 & 11 \end{matrix}\right. & & \left.\begin{matrix} \\ \\ \end{matrix}\right] \end{array}$$

Analisando a matriz, podemos afirmar que:
a) A quantidade de produtos do tipo P_2 vendidos pela loja L_2 é 11.
b) A quantidade de produtos do tipo P_1 vendidos pela loja L_3 é 30.
c) A soma das quantidades de produtos do tipo P_3 vendidos pelas três lojas é 40.
d) A soma das quantidades de produtos do tipo P_i vendidos pelas lojas L_i, i = 1, 2, 3, é 52.
e) A soma das quantidades dos produtos dos tipos P_1 e P_2 vendidos pela loja L_1 é 45.

? CURIOSIDADE

Uma maneira rápida e eficiente de efetuar a multiplicação pelo número 11:
1) Números de 1 algarismo – Basta escrever esse número duas vezes, uma ao lado da outra.

Exemplos:
a) 2 x 11 = 22
b) 5 x 11 = 55
c) 9 x 11 = 99

2) Números de 2 algarismos – É suficiente escrever cada um dos dois algarismos nas extremidades, deixando um espaço entre eles, que deverá ser ocupado pela soma dos mesmos.

Exemplos:
a) 23 x 11 = 2 (2+3) 3 = 253
b) 34 x 11 = 3 (3+4) 4 = 374

c) 45 x 11 = 4 (4+5) 5 = 495
d) 89 x 11 = 8 (8+9) 9 = 8 (17)9 = (8+1)7 9 = 979

1.3 Tipos de matrizes

Matriz nula – é a matriz onde todos os seus elementos são iguais a zero.

> **ATENÇÃO**
>
> Matriz nula
> Normalmente representamos a matriz nula pela letra O.

EXEMPLO

$A = \begin{bmatrix} 0 & 0 \\ 0 & 0 \end{bmatrix}; B = \begin{bmatrix} 0 & 0 & 0 \\ 0 & 0 & 0 \end{bmatrix}$

Matriz linha – é aquela que apresenta uma única linha.

EXEMPLO

A = (1 –2 4); tipo: 1 x 3
B = [3 4]; tipo: 1 x 2

OBSERVAÇÃO

Podemos chamar essa matriz de vetor linha.

Matriz coluna – é aquela que apresenta uma única coluna.

EXEMPLO

$A = \begin{bmatrix} 3 \\ 1 \end{bmatrix}$; tipo: 2 x 1 $B = \begin{bmatrix} 1 \\ 0 \\ 0 \end{bmatrix}$; tipo: 3 x 1

OBSERVAÇÃO

Podemos chamar essa matriz de vetor coluna.

Matriz diagonal – é aquela matriz quadrada onde os elementos que não pertencem à diagonal principal são iguais a zero.

⭐ EXEMPLO

$$A = \begin{pmatrix} 3 & 0 \\ 0 & 5 \end{pmatrix}$$

$$B = \begin{bmatrix} 1 & 0 & 0 \\ 0 & 5 & 0 \\ 0 & 0 & 4 \end{bmatrix}$$

Matriz unidade (matriz identidade) – é toda matriz diagonal onde os elementos que formam a diagonal principal são todos iguais a unidade.

⭐ EXEMPLO

$$I_2 = \begin{bmatrix} 1 & 0 \\ 0 & 1 \end{bmatrix}$$

$$I_3 = \begin{bmatrix} 1 & 0 & 0 \\ 0 & 1 & 0 \\ 0 & 0 & 1 \end{bmatrix}$$

1.4 Operações com matrizes

Vamos iniciar o estudo das operações com matrizes. Da mesma forma que efetuamos operações com os números, é possível fazer o mesmo com as matrizes, desde que, para isso, obedeçamos algumas condições.

Adição de matrizes

Chamamos de soma das matrizes A e B do mesmo tipo m x n, a matriz do tipo m x n, cujos elementos são obtidos a partir da soma dos elementos correspondentes de A e B. Devemos atentar para o fato de as matrizes A e B serem do mesmo tipo pois, se forem de tipos diferentes, a operação não será definida.

EXEMPLO

$A = \begin{pmatrix} 1 & 2 & 4 \\ 3 & 4 & 2 \end{pmatrix}$ e $B = \begin{pmatrix} 3 & 1 & 2 \\ 4 & 3 & 0 \end{pmatrix}$, temos: $A + B = \begin{pmatrix} 4 & 3 & 6 \\ 7 & 7 & 2 \end{pmatrix}$

ATENÇÃO

Note que cada elemento da matriz soma é a soma dos elementos correspondentes nas matrizes A e B.

Propriedades da adição de matrizes

Sejam A, B, C e O matrizes do mesmo tipo, temos:

1	A + B = B + A (comutatividade)
2	A + (B + C) = (A + B) + C (associatividade)
3	A + O = O + A = A (elemento neutro)
4	A + (−A) = (−A) + A = O (elemento oposto)

OBSERVAÇÃO

A matriz O é a matriz nula já definida anteriormente.

Subtração de matrizes

Desde que as matrizes A e B sejam do mesmo tipo, podemos definir a diferença A − B = A + (−B), ou seja, a matriz A adicionada com a matriz oposta da matriz B (−B), lembrando que −B é obtida a partir da troca do sinal de cada um dos elementos da matriz B.

OBSERVAÇÃO

Números reais
Um número real é também chamado de escalar.

EXEMPLO

$A = \begin{bmatrix} 1 & 3 \\ 5 & 2 \end{bmatrix}, B = \begin{bmatrix} -2 & 3 \\ 5 & -1 \end{bmatrix}$

$A - B = A + (-B) = \begin{bmatrix} 1 & 3 \\ 5 & 2 \end{bmatrix} + \begin{bmatrix} 2 & -3 \\ -5 & 1 \end{bmatrix} = \begin{bmatrix} 3 & 0 \\ 0 & 3 \end{bmatrix}$

Multiplicação de um número real por uma matriz

Quando multiplicamos um número real K por uma matriz A do tipo m x n, encontramos para resultado uma matriz do tipo m x n, que representaremos por KA, obtida multiplicando K por cada elemento da matriz A.

EXEMPLO

$A = \begin{bmatrix} 2 & 1 & 0 \\ -1 & 3 & 4 \end{bmatrix}; K = 3$

$3A = \begin{bmatrix} 6 & 3 & 0 \\ -3 & 9 & 12 \end{bmatrix}$

Propriedades da multiplicação de um número real por uma matriz

Sendo A e B matrizes do mesmo tipo e a e b **_números reais_** quaisquer, temos:

1	a (bA) = (ab) A
2	a (A + B) = aA + aB
3	(a + b) A = aA + bA
4	1.A = A

Multiplicação de matrizes

Só podemos multiplicar duas matrizes quando o número de colunas da primeira matriz for igual ao número de linhas da segunda matriz. A matriz produto terá o número de linhas da primeira matriz e o número de colunas da segunda matriz. A matriz produto será obtida multiplicando cada linha da primeira matriz por todas as colunas da segunda matriz, conforme exemplos abaixo:

> **OBSERVAÇÃO**
>
> Matrizes
>
> I_n e I_m são matrizes identidades anteriormente já definidas.

⭐ EXEMPLO

1) $A = \begin{pmatrix} 1 & 2 & 2 \\ 3 & 1 & 4 \end{pmatrix}$ e $B = \begin{pmatrix} 2 & 4 \\ 1 & 3 \\ 2 & 1 \end{pmatrix}$

$C = AB$

$C_{11} = 1 \times 2 + 2 \times 1 + 2 \times 2 = 8$
$C_{12} = 1 \times 4 + 2 \times 3 + 2 \times 1 = 12$
$C_{21} = 3 \times 2 + 1 \times 1 + 4 \times 2 = 15$
$C_{22} = 3 \times 4 + 1 \times 3 + 4 \times 1 = 19$

$C = \begin{pmatrix} 8 & 12 \\ 15 & 19 \end{pmatrix}$

2) $A = \begin{pmatrix} 1 & 2 \\ 2 & 3 \end{pmatrix}$ e $B = \begin{pmatrix} 3 & 1 \\ 1 & 3 \end{pmatrix}$

$C = AB$

$C_{11} = 1 \times 3 + 2 \times 1 = 5$
$C_{12} = 1 \times 1 + 2 \times 3 = 7$
$C_{21} = 2 \times 3 + 3 \times 1 = 9$
$C_{22} = 2 \times 1 + 3 \times 3 = 11$

$C = \begin{pmatrix} 5 & 7 \\ 9 & 11 \end{pmatrix}$

Propriedades da multiplicação de matrizes

Sejam A, B e C **_matrizes_** e K um número real. Admitindo as operações indicadas abaixo possíveis, temos:

1	A.(B.C) = (A.B).C
2	A.(B + C) = A.B + A.C
3	(A + B).C = A.C + B.C
4	$A_{mxn} \cdot I_n = A_{mxn}$
5	$I_m \cdot A_{mxn} = A_{mxn}$
6	(KA)B = A(KB) = K(AB)

Matriz transposta

Denominamos de matriz transposta de A, representada por A^t, a matriz obtida quando trocamos as linhas de A por suas colunas ordenadamente. Portanto, se a matriz A é do tipo m x n, então a sua transposta A^t será do tipo n x m.

$$A = \begin{bmatrix} 1 & 3 & 2 \\ 0 & 2 & 5 \end{bmatrix}$$

$$A^t = \begin{bmatrix} 1 & 0 \\ 3 & 2 \\ 2 & 5 \end{bmatrix}$$

Nós devemos observar que a primeira linha da matriz A se transformou na primeira coluna da matriz transposta e que a segunda linha da matriz A se transformou na segunda coluna da matriz transposta. Assim, a transposta da matriz transposta da A volta a ser a matriz A.

Propriedades da matriz transposta

1	$(A + B)^t = A^t + B^t$
2	$(KA)^t = K.A^t$
3	$(A^t)^t = A$
4	$(AB)^t = B^t A^t$

Matriz simétrica

Denominamos de matriz simétrica de uma matriz quadrada A a matriz com a mesma ordem de A, tal que:

$$A^t = A$$

★ EXEMPLOS

1) $A = \begin{bmatrix} 1 & 3 \\ 3 & 4 \end{bmatrix}; A^t = \begin{bmatrix} 1 & 3 \\ 3 & 4 \end{bmatrix}$

$A^t = A \leftrightarrow A$ é simétrica

2) $B = \begin{bmatrix} 2 & 1 & 4 \\ 1 & 0 & 5 \\ 4 & 5 & 3 \end{bmatrix}; B^t = \begin{bmatrix} 2 & 1 & 4 \\ 1 & 0 & 5 \\ 4 & 5 & 3 \end{bmatrix}$

$B^t = B \leftrightarrow B$ é simétrica

Matriz antissimétrica

Uma matriz quadrada A é dita antissimétrica quando a sua transposta for igual a matriz oposta da própria matriz A, ou seja:

$A^t = -A$

EXEMPLO

$A = \begin{bmatrix} 0 & 2 \\ -2 & 0 \end{bmatrix}; A^t = \begin{bmatrix} 0 & 2 \\ -2 & 0 \end{bmatrix}$

$A^t = -A \leftrightarrow A$ é antissimétrica

EXERCÍCIOS RESOLVIDOS

5) (CESGRANRIO) Na área de informática, as operações com matrizes aparecem com grande frequência. Um programador, fazendo levantamento dos dados de uma pesquisa, utilizou as matrizes:

$A = \begin{bmatrix} 5 & 2 & 1 \\ 3 & 1 & 4 \end{bmatrix}; B = \begin{bmatrix} 1 & 3 & 2 \\ 2 & 1 & 2 \\ 1 & 1 & 1 \end{bmatrix}; C = AB$

O elemento C_{23} da matriz C é igual a:
a) 18   b) 15   c) 14   d) 12   e) 9

Solução

Devemos observar que para responder a questão não é necessário efetuar o produto das matrizes A e B. Devemos lembrar que o elemento pedido é formado pela multiplicação da segunda linha da matriz A pela terceira coluna da matriz B, logo:

$C_{23} = 3 \times 2 + 1 \times 2 + 4 \times 1 = 6 + 2 + 4 = 12$
Resposta: d)

6) (VUNESP) Sejam **A** e **B** duas matrizes quadradas de mesma ordem. Em que condição pode-se afirmar que $(A + B)^2 = A^2 + 2AB + B^2$?

a) Sempre, pois é uma expansão binomial.
b) Se e somente se uma delas for a matriz da identidade.
c) Sempre, pois o produto de matrizes é associativo.
d) Quando o produto **AB** for comutativo com **BA**.
e) Se e somente se A = B.

Solução

Devemos lembrar que:
$(A + B)^2 = (A + B).(A + B) = A.A + A.B + B.A + B.B = A^2 + A.B + B.A + B^2$

Sabemos que o produto de matrizes não é comutativo e, portanto, para a igualdade ser verdadeira é necessário que **AB = BA**. Claro que se estivermos tratando de números reais a afirmação será sempre verdadeira.

Resposta: d)

7) (FGV) A matriz A é do tipo 5 x 7 e a matriz B, do tipo 7 x 5. Assinale a alternativa correta.

a) A matriz **AB** tem 49 elementos.
b) A matriz $(AB)^2$ tem 625 elementos.
c) A matriz **AB** admite inversa.
d) A matriz **BA** tem 25 elementos.
e) A matriz $(BA)^2$ tem 49 elementos.

Solução

A matriz **AB** será do tipo 5 x 5 e portanto terá 25 elementos e $(AB)^2$ também terá 25 elementos. Observe que a matriz **BA** é do tipo 7 x 7, tendo 49 elementos. Esse número de elementos é o mesmo da matriz $(BA)^2$.

Resposta: e)

8) (UNIRIO) Considere as matrizes $A = \begin{bmatrix} 3 & 5 \\ 2 & 1 \\ 0 & -1 \end{bmatrix}$, $B = \begin{bmatrix} 4 \\ 3 \end{bmatrix}$ e $C = \begin{bmatrix} 2 & 1 & 3 \end{bmatrix}$.

A adição da transposta de **A** com o produto de **B** por **C** é:

a) Impossível de se efetuar, pois não existe o produto de **B** por **C**.
b) Impossível de se efetuar, pois as matrizes são todas de tipos diferentes.
c) Impossível de se efetuar, pois não existe a soma da transposta de **A** com o produto de **B** por **C**.
d) Possível de se efetuar e o seu resultado é do tipo 2 x 3.
e) Possível de se efetuar e o seu resultado é do tipo 3 x 2.

Solução

Podemos observar que a matriz transposta de **A** é do tipo 2 x 3 e que a matriz produto de **B** por **C** também é do tipo 2 x 3, logo a soma será do tipo 2 x 3.

Resposta: d)

9) (UFRJ) Antônio, Bernardo e Cláudio saíram para tomar chope, de bar em bar, tanto no sábado quanto no domingo.

As matrizes a seguir resumem quantos chopes cada um consumiu e como a despesa foi dividida:

$$S = \begin{bmatrix} 4 & 1 & 4 \\ 0 & 2 & 0 \\ 3 & 1 & 5 \end{bmatrix} \text{ e } D = \begin{bmatrix} 5 & 5 & 3 \\ 0 & 3 & 0 \\ 2 & 1 & 3 \end{bmatrix}$$

S refere-se às despesas de sábado e D às de domingo.

Cada elemento a_{ij} nos dá o número de chopes que i pagou para j, sendo Antônio o número 1, Bernardo o número 2 e Cláudio o número 3 (a_{ij} representa o elemento da linha i e coluna j de cada matriz).

Assim, no sábado Antônio pagou 4 chopes que ele próprio bebeu, 1 chope de Bernardo e 4 de Cláudio (primeira linha da matriz S).

a) Quem bebeu mais chope no fim de semana?

b) Quantos chopes Cláudio ficou devendo para Antônio?

Solução

a) Somando as duas matrizes encontraremos quantos chopes cada um dos três pagou para o outro no fim de semana.

$$S + D = \begin{bmatrix} 9 & 6 & 9 \\ 0 & 5 & 0 \\ 5 & 2 & 3 \end{bmatrix}$$

A soma dos elementos de cada coluna nos informa quanto cada um dos três bebeu no final de semana, ou seja:

Antônio – 14 chopes

Bernardo – 13 chopes

Cláudio – 12 chopes

Portanto, quem bebeu mais foi Antônio, 14 chopes.

b) Antônio paga para Cláudio 9 chopes ($a_{13} = 9$) e Cláudio paga para Antônio 4 chopes ($a_{31} = 5$). Assim, Cláudio fica devendo para Antônio 4 chopes.

10) (UFF) Toda matriz de ordem 2 x 2, que é igual à sua transposta, possui:

a) Pelo menos dois elementos iguais

b) Os elementos da diagonal principal iguais a zero.

c) Determinante nulo.

d) Linhas proporcionais.

e) Todos os elementos iguais a zero.

Solução

Seja $A = \begin{bmatrix} a & b \\ c & d \end{bmatrix}$ a matriz procurada. Sabemos que $A^t = \begin{bmatrix} a & c \\ b & d \end{bmatrix}$, logo:

$\begin{bmatrix} a & b \\ c & d \end{bmatrix} = \begin{bmatrix} a & c \\ b & d \end{bmatrix}$ o que implica que b = c.

Resposta: a)

COMENTÁRIO

Os exercícios de fixação podem ser:
1) realizados em sala de aula;
2) resolvidos em casa e posteriormente serem tiradas as dúvidas;
3) utilizados como uma atividade.

11) (IBMEC) Considere as matrizes:
$A_{3 \times 3}$, tal que: $a_{ij} = i - 2j$
$B_{3 \times 4}$, tal que: $b_{ij} = 3i - 2j$
Se $C = A.B$, então, C_{23} é igual a:
a) –4   b) –6   c) –8   d) –10   e) –12

Solução

Sabemos que o elemento pedido é formado utilizando a segunda linha da matriz A com a terceira coluna da matriz B, portanto formaremos esses elementos:

$a_{21} = 2 - 2 \times 1 = 0$
$a_{22} = 2 - 2 \times 2 = -2$
$a_{23} = 2 - 2 \times 3 = -4$
$b_{13} = 3 \times 1 - 2 \times 3 = -3$
$b_{23} = 3 \times 2 - 2 \times 3 = 0$
$b_{33} = 3 \times 3 - 2 \times 3 = 3$
$c_{23} = 0 \times (-4) + (-2) \times 0 + (-4) \times 3 = -12$
Resposta: e)

EXERCÍCIOS DE FIXAÇÃO

5) (UEL-PR) Uma matriz quadrada A se diz antissimétrica se $A^t = -A$. Nessa condições, se a matriz $A = \begin{bmatrix} x & y & z \\ 2 & 0 & -3 \\ -1 & 3 & 0 \end{bmatrix}$ é uma matriz antissimétrica, então $x + y + z$ é igual a:
a) 3   b) 1   c) 0   d) –1   e) –3

6) (ITA) Seja A uma matriz real 2 x 2. Suponha que α e β sejam dois números distintos e V e W duas matrizes reais 2 x 1 não nulas, tais que $AV = \alpha V$ e $AW = \beta W$. Se $a, b \in R$ são tais que $V + bW$ é igual à matriz nula 2 x 1, então $a + b$ vale:
a) 0   b) 1   c) –1   d) ½   e) –½

7) (UNIFESP) Uma indústria farmacêutica produz diariamente p unidades do medicamento X e q unidades do medicamento Y, ao custo unitário de r e s reais, respectivamente. Considere as matrizes M, 1 x 2, e N, 2 x 1, $M = [2p.q]$ e $N = \begin{bmatrix} r \\ 2s \end{bmatrix}$. A matriz produto M x N representa o custo da produção de:
a) 1 dia   b) 2 dias   c) 3 dias   d) 4 dias   e) 5 dias

8) (FATEC-SP) Sendo A uma matriz quadrada, define-se $A^n = A.A.A \ldots A$. No caso de A ser a matriz $\begin{bmatrix} 0 & 1 \\ 1 & 0 \end{bmatrix}$, é correto afirmar que a soma $A + A^2 + A^3 + A^4 + \ldots + A^{39} + A^{40}$ é igual à matriz:

a) $\begin{bmatrix} 20 & 20 \\ 20 & 20 \end{bmatrix}$
b) $\begin{bmatrix} 20 & 0 \\ 0 & 20 \end{bmatrix}$
c) $\begin{bmatrix} 40 & 40 \\ 40 & 40 \end{bmatrix}$
d) $\begin{bmatrix} 0 & 40 \\ 40 & 0 \end{bmatrix}$
e) $\begin{bmatrix} 0 & 20 \\ 20 & 0 \end{bmatrix}$

Matriz inversa

Uma matriz quadrada A de ordem n possui matriz inversa A-1, se A.A-1 = = A-1.A = In, onde A-1 é a matriz inversa de A e In é uma matriz identidade de ordem n.

⭐ EXEMPLO

$A = \begin{bmatrix} 1 & 2 \\ 3 & 4 \end{bmatrix}$ e $B = \begin{bmatrix} -2 & 1 \\ \frac{3}{2} & \frac{-1}{2} \end{bmatrix}$ são matrizes inversas, pois $A.B = B.A = I_2$, vejamos:

$A.B = \begin{bmatrix} 1 & 2 \\ 3 & 4 \end{bmatrix} \cdot \begin{bmatrix} -2 & 1 \\ \frac{3}{2} & \frac{-1}{2} \end{bmatrix} = \begin{bmatrix} 1 & 0 \\ 0 & 1 \end{bmatrix} = I_2$

$B.A = \begin{bmatrix} -2 & 1 \\ \frac{3}{2} & \frac{-1}{2} \end{bmatrix} \cdot \begin{bmatrix} 1 & 2 \\ 3 & 4 \end{bmatrix} = \begin{bmatrix} 1 & 0 \\ 0 & 1 \end{bmatrix} = I_2$

$A.B = B.A = I_2$, logo A e B são inversas.

✏️ OBSERVAÇÃO

1) Se uma matriz quadrada de ordem n é inversível (ou seja, possui inversa), então a matriz A-1 tal que $A.A^{-1} = A^{-1}.A = I_n$ é única.
2) Toda matriz identidade de ordem n tem como inversa ela mesma.

? CURIOSIDADE

Determinando quadrados de números terminados pelo algarismo 5.

Devemos lembrar que o quadrado de um número é o resultado da multiplicação desse número por ele mesmo. Nunca é demais frisar que a regra só se aplica a números terminados pelo algarismo 5.

Exemplos:
a) 15 x 15 = (1 x 2) 25 = 225
b) 25 x 25 = (2 x 3) 25 = 625
c) 35 x 35 = (3 x 4) 25 = 1225
d) 45 x 45 = (4 x 5) 25 = 2025

IMAGENS DO CAPÍTULO

Desenhos, gráficos e tabelas cedidos pelo autor do capítulo.

GABARITO

1.2 Matriz quadrada

1) e) O ônibus 3 ganhou 6 passageiros.
2) d) Quem mais recebeu e-mails foi 3.
3) c) 2 e 3
4) A soma das quantidades dos produtos dos tipos P_1 e P_2 vendidos pela loja L_1 é 45.

1.4 Tipos de matrizes

5) d) −1
6) a) 0
7) b) 2 dias

8) a) $\begin{bmatrix} 20 & 20 \\ 20 & 20 \end{bmatrix}$

2 Determinantes

MÁRIO LUIZ ALVES DE LIMA

2 Determinantes

⚙ REFLEXÃO

"A matemática é a honra do espírito humano."

Leibniz

◎ OBJETIVOS

O leitor deverá ser capaz de:

- Diferenciar entre um determinante de uma matriz quadrada e essa matriz.

- Identificar o determinante como uma função.

- Calcular determinantes de uma matriz quadrada de diferentes ordens.

- Conhecer e aplicar as propriedades de determinantes nos mais variados contextos.

- Estabelecer *links* entre o estudo de determinantes e outros ramos do conhecimento.

- Associar o estudo dos determinantes a outros tópicos relevantes da álgebra linear.

? CURIOSIDADE

Você sabia?

Devem-se (essencialmente) a Lagrange as fórmulas

$$A = \frac{1}{2}\begin{vmatrix} x_1 & y_1 & 1 \\ x_2 & y_2 & 1 \\ x_3 & y_3 & 1 \end{vmatrix} \text{ e } V = \frac{1}{6}\begin{vmatrix} x_1 & y_1 & z_1 & 1 \\ x_2 & y_2 & z_2 & 1 \\ x_3 & y_3 & z_3 & 1 \\ x_4 & y_4 & z_4 & 1 \end{vmatrix}$$

para a área A de um triângulo cujos vértices são os pontos (x_1, y_1), (x_2, y_2), (x_3, y_3) e o volume V de um tetraedro cujos vértices são os pontos (x_1, y_1, z_1), (x_2, y_2, z_2), (x_3, y_3, z_3), (x_4, y_4, z_4).

2.1 Determinantes

A toda matriz quadrada associamos um número real que chamaremos de determinante.

★ EXEMPLOS

1) $A = \begin{bmatrix} 1 & 1 \\ 2 & 3 \end{bmatrix}$; detA = 1

2) $B = \begin{bmatrix} 1 & 1 & 1 \\ 0 & -1 & 2 \\ 0 & -2 & 4 \end{bmatrix}$; detB = 0

Vejamos como achar o determinante de uma matriz quadrada. Com a finalidade de facilitar nosso entendimento o dividiremos em casos.

A) Determinante de matriz de ordem 1

Seja a matriz de ordem 1, dada por $A = (a_{11})$. O determinante de A é representado por $|a_{11}|$.

Determinante de A → detA = a_{11}

★ EXEMPLO

A = (4); detA = 4

B) Determinante da matriz de ordem 2

O determinante da matriz quadrada de ordem 2 é obtido fazendo o produto dos elementos que formam a diagonal principal menos o produto dos elementos que formam a diagonal secundária. Assim sendo, temos:

★ EXEMPLO

1) $A = \begin{bmatrix} 2 & 5 \\ 4 & 3 \end{bmatrix}$ detA = 2 x 3 − 5 x 4 = 6 − 20 = −14

2) $B = \begin{bmatrix} -6 & 3 \\ 2 & 4 \end{bmatrix}$ detB = −6 x 4 − 3 x 2 = −24 − 6 = −30

> **CONCEITO**
>
> Regra de Sarrus
>
> Repetimos as duas primeiras linhas (ou colunas) após a terceira linha (ou coluna) e efetuamos o produto dos elementos que formam a diagonal principal e paralelas a ela conservando seu sinal, e o produto dos elementos que formam a diagonal secundária e paralelas a ela trocando o sinal dos produtos. Fazemos a adição dos produtos obtidos.

C) Determinantes da matriz de ordem 3

Para calcularmos o determinante de uma matriz quadrada de ordem 3, aplicaremos a chamada **regra de Sarrus**.

> **EXEMPLO**

1) $A = \begin{vmatrix} 1 & -1 & 0 \\ 2 & 1 & 3 \\ 3 & 0 & 3 \end{vmatrix}$

Calculando o determinante pela regra de Sarrus, utilizando suas linhas

$\begin{vmatrix} 1 & -1 & 0 \\ 2 & 1 & 3 \\ 3 & 0 & 3 \end{vmatrix}$
$\begin{matrix} 1 & -1 & 0 \\ 2 & -1 & 3 \end{matrix}$

$= 1.1.3 + 2.2.0 + 3.(-1).3 - 3.1.0 - 1.0.3 - 2.(-1).3 =$
$= 3 + 0 - 9 - 0 - 0 + 6 = 0$
detA = 0

Poderíamos utilizar as colunas ao invés das linhas.

2) $B = \begin{vmatrix} 1 & 4 & 1 \\ 0 & 2 & 1 \\ 2 & 2 & 3 \end{vmatrix}$

Resolveremos esse determinante utilizando suas colunas.

$\begin{vmatrix} 1 & 4 & 1 \\ 0 & 2 & 1 \\ 2 & 1 & 3 \end{vmatrix} \begin{matrix} 1 & 4 \\ 0 & 2 \\ 2 & 1 \end{matrix}$ $\begin{matrix} = 1.2.3 + 4.1.2 + 1.0.1 - 2.2.1 - 1.1.1 - 3.0.4 = \\ = 6 + 8 + 0 - 4 - 1 - 0 = 9 \end{matrix}$

2.2 Propriedades dos determinantes

1) Quando uma de suas filas é constituída apenas de zeros, o determinante será nulo.

2) Quando apresenta duas filas paralelas iguais ou proporcionais, o determinante será nulo.

3) Quando uma de suas filas é uma combinação linear de filas paralelas, o determinante será nulo.

4) Um determinante não se altera quando trocamos, ordenadamente, as linhas pelas colunas.

5) Um determinante muda de sinal quando duas filas paralelas trocam entre si de posição.

6) Quando se multiplica (ou se divide) uma fila de um determinante por um número, o novo determinante fica multiplicado (ou dividido) por esse número.

7) Um determinante não se altera quando os elementos de uma fila se somam aos correspondentes elementos de uma fila paralela multiplicados por uma constante.

Menor complementar

Chama-se menor complementar, representado como M_{rs}, de um elemento a_{rs} pertencente a uma matriz A, ao determinante da matriz que se obtém suprimindo a r-ésima linha e a s-ésima coluna da matriz A.

Adjunto ou complemento algébrico ou cofator

Chama-se adjunto ou complemento algébrico de um elemento a_{rs} de uma matriz A ao número representado como A_{rs} definido por

$A_{rs} = (-1)^{r+s} \cdot M_{rs}$

OBSERVAÇÃO

Se r + s for par: $A_{rs} = M_{rs}$
Se r + s for ímpar: $A_{rs} = -M_{rs}$

Teorema de *Laplace*

Um determinante é igual à soma dos produtos dos elementos de uma fila pelos respectivos adjuntos.

EXEMPLO

Calcular $A = \begin{vmatrix} 1 & 2 & 1 \\ 2 & 4 & 2 \\ 1 & -1 & 2 \end{vmatrix}$

CURIOSIDADE

Uma demonstração absurda
Seja a = b. Assim segue que:
$a^2 = ab$
$a^2 - b^2 = ab - b^2$
$(a + b)(a - b) = b(a - b)$
$a + b = b$
$b + b = b$
$2b = b$
$2 = 1$
Qual será o erro?

PERSONAGEM

Laplace

© Georgios

Pierre-Simon Laplace (1749-1827) foi um matemático, astrônomo e físico francês influente, cujo trabalho foi fundamental para o desenvolvimento da matemática, estatística, física e astronomia. Ele resumiu e estendeu o trabalho de seus predecessores em cinco volumes *Mécanique Céleste* (*Mecânica Celestial*) (1799-1825).

CURIOSIDADE

"Entre dois espíritos iguais, postos nas mesmas condições, aquele que sabe geometria é superior ao outro e adquire um vigor especial."

Pascal

Blaise Pascal (1623-1662) foi um físico, matemático, filósofo moralista e teólogo francês.

Vamos resolver o determinante usando a primeira linha:

$$detA = 1\begin{vmatrix} 4 & 2 \\ -1 & 2 \end{vmatrix} - 2\begin{vmatrix} 2 & 2 \\ 1 & 2 \end{vmatrix} + 1\begin{vmatrix} 2 & 4 \\ 1 & -1 \end{vmatrix} = 1 \times 10 - 2 \times 2 + 1 \times (-6) = 0$$

Teoremas de determinantes

1. Teorema de Jacobi

Se a uma das filas de uma matriz quadrada A, de ordem n ≥ 2, adicionarmos um múltiplo de outra fila qualquer paralela, obteremos uma matriz B tal que detB = detA.

2. Teorema de Binet

Se A e B são duas matrizes quadradas de ordem n, então:

det(A.B) = detA.detB

3. Dada a matriz quadrada A, existe A^{-1} se, e somente se, detA ≠ 0.

4. $det(A^{-1}) = \dfrac{1}{detA}$

5. Regra de Chió

a) Escolher um elemento igual a 1 (caso não exista, fazer com que um elemento se torne igual a 1).

b) Suprimir a linha e a coluna que se cruzam no elemento 1 considerado, obtendo-se o menor complementar do referido elemento.

c) Subtrair de cada elemento do menor complementar obtido o produto dos elementos que ficam nos pés das perpendiculares traçadas do elemento considerado às filas suprimidas.

d) Multiplicar o determinante obtido no item acima por $(-1)^{r+s}$, onde r e s designam a ordem da linha e da coluna às quais pertence o elemento 1.

EXEMPLO

$$\begin{vmatrix} 2 & 1 & 3 \\ 4 & 5 & 6 \\ 7 & 2 & 8 \end{vmatrix} = (-1)^2 \text{ multiplicado por } \begin{vmatrix} 4-(2).(5) & 6-(3).(5) \\ 7-(2).(2) & 8-(3).(2) \end{vmatrix} = -1 \begin{vmatrix} -6 & -9 \\ 3 & 2 \end{vmatrix} =$$

$= -1(-12 + 27) = -15$

6. Determinante de Vandermonde

É qualquer determinante do tipo:

$$\begin{vmatrix} 1 & 1 & 1 \\ a & b & c \\ a^2 & b^2 & c^2 \end{vmatrix} = (b-a).(c-a).(c-b)$$

EXEMPLO

$$\begin{vmatrix} 1 & 1 & 1 \\ 2 & 3 & 6 \\ 4 & 9 & 36 \end{vmatrix} = (3-2).(6-2).(6-3) = 1.4.3 = 12$$

EXERCÍCIOS RESOLVIDOS

1) Se A é uma matriz 2 x 2 inversível que satisfaz $A^2 = 2A$, então o determinante de A será:
a) 0   b) 1   c) 2   d) 3   e) 4

Solução

A é inversível, o que nos garante que o determinante de A é diferente de zero.

$\det(A^2) = \det(2A)$

$\det(A).\det(A) = 2^2.\det(A)$

Como $\det(A) \neq 0$ podemos dividir os dois membros da igualdade por $\det(A)$.

$\det(A) = 4$

Resposta: e)

2) (FUVEST) Considere a matriz $A = (a_{ij})_{2 \times 2}$, definida por $a_{ij} = -1 + 2i + j$, para $1 \leq j \leq 2$. O determinante de A é:
a) 22   b) 2   c) 4   d) –2   e) –4

Solução

Devemos observar que:

$\det(A) = a_{11}.a_{22} - a_{12}.a_{21}$ (I)

Calculando os elementos que formam a matriz, teremos:

$a_{11} = -1 + 2.1 + 1 = 2$

$a_{12} = -1 + 2.1 + 2 = 3$

$a_{21} = -1 + 2.2 + 1 = 4$

$a_{22} = -1 + 2.2 + 2 = 5$

substituindo em (I), temos:

det(A) = 2.5 − 3.4 = 10 − 12 = −2

Resposta: d)

3) (FUVEST) Dadas as matrizes A = $\begin{bmatrix} 1 & 3 \\ 2 & 4 \end{bmatrix}$ e B = $\begin{bmatrix} -1 & 2 \\ 3 & 1 \end{bmatrix}$, o determinante da matriz A.B é:

a) −1   b) 6   c) 10   d) 12   e) 14

Solução

Devemos lembrar que:

det(AB) = det(A) x det(B)

det(AB) = (4 − 6) x (−1 − 6)

det(AB) = −2 x (−7) = 14

Resposta: e)

4) Resolvendo o determinante $\begin{vmatrix} \cos a & \sen a \\ \sen b & \cos b \end{vmatrix}$, encontramos:

a) sen (a + b)   b) sen (a − b)   c) cos (a + b)   d) cos (a − b)   e) sen 2a

Solução

Resolvendo o determinante, temos:

cos a.cos b − sen a.sen b = cos (a + b)

Resposta: c)

5) Sobre o determinante $\begin{vmatrix} x & x+1 \\ x+2 & x+3 \end{vmatrix}$ é correto afirmar:

a) Depende do valor de x.
b) Independe do valor de x.
c) É um número positivo.
d) Pode ser um número irracional.
e) É um número primo.

Solução

Resolvendo o determinante, encontramos:

x.(x + 3) − (x + 1).(x + 2) = x^2 + 3x − x^2 − 3x − 2 = −2

Resposta: b)

EXERCÍCIOS DE FIXAÇÃO

1) (UERJ) Os números 204, 782 e 255 são divisíveis por 17. Considere o determinante de ordem 3 abaixo:

$$\begin{vmatrix} 2 & 0 & 4 \\ 7 & 8 & 2 \\ 2 & 5 & 5 \end{vmatrix}$$

Demonstre que esse determinante é divisível por 17.

2) (CESGRANRIO) Resolvendo-se a equação matricial $\begin{bmatrix} 1 & 3 \\ 4 & 3 \end{bmatrix} \begin{bmatrix} x \\ y \end{bmatrix} = \begin{bmatrix} 5 \\ 10 \end{bmatrix}$, encontramos para x e y valores respectivamente iguais a:

a) –2 e 1
b) –1 e 2
c) 1 e –2
d) 1 e 2
e) 2 e –1

3) (PUC) Se $A = \begin{pmatrix} 1 & 2 \\ 4 & -3 \end{pmatrix}$, então $A^2 + 2A - 11I$, onde $I = \begin{pmatrix} 1 & 0 \\ 0 & 1 \end{pmatrix}$, é igual a:

a) $\begin{pmatrix} 1 & 2 \\ 0 & 0 \end{pmatrix}$

b) $\begin{pmatrix} 0 & 0 \\ 1 & 0 \end{pmatrix}$

c) $\begin{pmatrix} 0 & 0 \\ 0 & 0 \end{pmatrix}$

d) $\begin{pmatrix} 0 & 1 \\ 0 & 0 \end{pmatrix}$

e) $\begin{pmatrix} 0 & 3 \\ 0 & 0 \end{pmatrix}$

4) (CESGRANRIO) A transformação linear no R² que tem $\begin{bmatrix} 0 & -1 \\ 1 & 0 \end{bmatrix}$ por matriz é:

a) Uma dilatação.
b) A reflexão na origem.
c) Uma translação pelo vetor (1, –1).
d) Uma reflexão numa reta.
e) Uma rotação.

5) (PUC) Se $A = \begin{pmatrix} 1 & 3 \\ 4 & -3 \end{pmatrix}$, uma matriz coluna $X = \begin{pmatrix} x \\ y \end{pmatrix}$, tal que AX = 3X, é:

a) $\begin{pmatrix} 3 \\ 1 \end{pmatrix}$ b) $\begin{pmatrix} 3 \\ 2 \end{pmatrix}$ c) $\begin{pmatrix} 0 \\ 1 \end{pmatrix}$ d) $\begin{pmatrix} 2 \\ 1 \end{pmatrix}$ e) $\begin{pmatrix} 1 \\ 3 \end{pmatrix}$

COMENTÁRIO

Nessa parte apresentaremos uma coletânea de exercícios na certeza de que a execução dos mesmos será fundamental para o seu progresso na aquisição do conhecimento e das competências necessárias para que o seu estudo seja exitoso. Determinação e sucesso nas resoluções dos mesmos!

CURIOSIDADE

Você sabia?
Seria um erro imperdoável, por parte dos autores deste livro, se não mencionassem o grande feito do jovem matemático brasileiro Artur. Trata-se da maior conquista da ciência brasileira, pois ele é o único brasileiro, até a presente data, a ter ganhado a medalha Fields, prêmio comparado, em importância, ao prêmio Nobel.
Artur Ávila, ex-aluno do Colégio São Bento, ficou conhecido pelo episódio dos cabelos longos. Esse fato, na época, ocupou as páginas dos principais jornais e ganhou grande dimensão na mídia.

6) (CESGRANRIO) A inversa da matriz $\begin{pmatrix} 4 & 3 \\ 1 & 1 \end{pmatrix}$ é:

a) $\begin{pmatrix} \dfrac{1}{4} & \dfrac{1}{3} \\ 1 & 1 \end{pmatrix}$

b) $\begin{pmatrix} 1 & -3 \\ -1 & 4 \end{pmatrix}$

c) $\begin{pmatrix} \dfrac{-1}{4} & \dfrac{1}{3} \\ 1 & -1 \end{pmatrix}$

d) $\begin{pmatrix} 4 & 3 \\ 1 & 1 \end{pmatrix}$

e) Não existe

7) (UFT) Se A é uma matriz do tipo 2 x 3 e AB é do tipo 2 x 5, então B é uma matriz do tipo:

a) 2 x 5   b) 3 x 3   c) 5 x 3   d) 3 x 5   e) 3 x 6

8) (FUVEST) É dada a matriz $P = \begin{bmatrix} 1 & 1 \\ 0 & 1 \end{bmatrix}$.

a) Calcule P^2 e P^3.
b) Qual a expressão de P^n? Prove por indução.

9) (PUC) Dadas as matrizes:

$A = \begin{bmatrix} 3 & 0 \\ 1 & -4 \end{bmatrix}$ e $B = \begin{bmatrix} 2 & 1 \\ -1 & 0 \end{bmatrix}$ então AB − BA é igual a:

a) $\begin{bmatrix} 0 & 0 \\ 0 & 0 \end{bmatrix}$

b) $\begin{bmatrix} -1 & 7 \\ 9 & 1 \end{bmatrix}$

c) $\begin{bmatrix} -3 & 1 \\ 2 & 7 \end{bmatrix}$

d) $\begin{bmatrix} 1 & 0 \\ -1 & 1 \end{bmatrix}$

e) $\begin{bmatrix} 3 & -3 \\ 5 & 0 \end{bmatrix}$

10) (FEI-SP) Dadas as matrizes $A = \begin{bmatrix} 2 & 1 \\ 1 & 1 \end{bmatrix}$ e $M = \begin{bmatrix} 1 & 0 \\ 2 & 1 \end{bmatrix}$:

a) Determine M^{-1}.
b) Sabendo que traço de uma matriz é a soma dos elementos da diagonal principal, determine o traço da matriz $M^{-1}AM$.

11) (UFBA) $M = \begin{bmatrix} x & 8 \\ 10 & y \end{bmatrix}$, $N = \begin{bmatrix} y & 6 \\ 12 & x+4 \end{bmatrix}$ e $P = \begin{bmatrix} 7 & 16 \\ 23 & 13 \end{bmatrix}$ são matrizes que satisfazem a igualdade $\frac{3}{2}M + \frac{2}{3}N = P$; logo, $y - x$ é:

a) 6   b) 4   c) 5   d) 3   e) 2

12) (FATEC) Sabe-se que as ordens das matrizes A, B e C são, respectivamente, 3 x r, 3 x s e 2 x t. Se a matriz (A – B).C é de ordem 3 x 4, então r + s + t é igual a:

a) 6   b) 8   c) 10   d) 12   e) 14

13) (FMABC) Ache $D = \begin{bmatrix} 1 & 3 \\ 2 & 4 \end{bmatrix} \begin{bmatrix} x \\ y \end{bmatrix}$.

a) $\begin{bmatrix} x+3y \\ 2x+4y \end{bmatrix}$

b) $\begin{bmatrix} x & 3y \\ 2x & 4y \end{bmatrix}$

c) $\begin{bmatrix} x & -3y \\ 2x & -4y \end{bmatrix}$

d) $\begin{bmatrix} x & 4y \\ 3y & 2x \end{bmatrix}$

e) $[-2xy]$

14) (FATEC) Dadas as matrizes $A = \begin{bmatrix} 0 & -1 \\ 0 & 0 \end{bmatrix}$ e $B = \begin{bmatrix} 0 & 0 \\ 0 & 1 \end{bmatrix}$, conclui-se que a matriz:

a) AB é nula.
b) BA é não nula.
c) A^2 é nula.
d) B^2 é nula.
e) A+B é nula.

15) (CESGRANRIO) Multiplicando $\begin{pmatrix} 1 & a \\ b & 2 \end{pmatrix} \begin{pmatrix} 1 & 3 \\ 1 & 0 \end{pmatrix}$ obtemos $\begin{pmatrix} 4 & 3 \\ 2 & 0 \end{pmatrix}$. O produto dos elementos a e b da primeira matriz é:

a) –2   b) –1   c) 0   d) 1   e) 6

16) (FCM.STA.CASA) Sejam as matrizes $A = \begin{bmatrix} 1 & -2 \\ -3 & 1 \end{bmatrix}$, $B = \begin{bmatrix} x \\ y \end{bmatrix}$ e $C = \begin{bmatrix} -2 \\ 1 \end{bmatrix}$. A igualdade A.B = C é verdadeira se:

a) x + y = 2
b) x = 2y
c) xy = 0
d) y = 2x
e) y – x = 2

17) (PUC) Sabendo que $\begin{bmatrix} x & y \\ z & w \end{bmatrix} \begin{bmatrix} 3 & 5 \\ 1 & 2 \end{bmatrix}$, o valor de yz é:

a) –6   b) –5   c) –1   d) 5   e) 6

18) (UECE) Sejam as matrizes $M = \begin{bmatrix} p & 1 \\ 3 & -1 \end{bmatrix}$ e $T = \begin{bmatrix} 2 \\ q \end{bmatrix}$. Se M.T é a matriz nula 2 x 1, então p.q é igual a:

a) −12   b) −15   c) −16   d) −18   e) −24

19) (UFPR) Dada a equação matricial $\begin{bmatrix} x & 2 \\ 1 & 3 \end{bmatrix} \begin{bmatrix} 0 & 1 \\ 2 & 3 \end{bmatrix} = \begin{bmatrix} 4 & 8 \\ y & z \end{bmatrix}$, o valor do produto xyz é igual a:

a) 80   b) 150   c) 120   d) 60   e) 32

20) (PUC) No conjunto M das matrizes n x m (com n ≠ m), considere as seguintes afirmações:
I. Se A é uma matriz de M, sempre estará definido o produto A.A.
II. Se A é uma matriz de M, a sua transposta não o será.
III. A soma de duas matrizes de M pode não pertencer a M.
Concluímos que:

a) Somente II é verdadeira.
b) Somente I e II são verdadeiras.
c) Todas são falsas.
d) Somente I é falsa.

21) (UFSE) São dadas as matrizes $A = \begin{bmatrix} 2 & -1 \\ 0 & 1 \end{bmatrix}$ e $B = \begin{bmatrix} 1 & -2 \\ -1 & 0 \end{bmatrix}$. A matriz $X = A^t + 2B$, onde A^t é a matriz transposta de A, é igual a:

a) $\begin{bmatrix} 4 & -2 \\ -5 & 1 \end{bmatrix}$

b) $\begin{bmatrix} 2 & -2 \\ -1 & -1 \end{bmatrix}$

c) $\begin{bmatrix} 2 & -3 \\ 0 & -1 \end{bmatrix}$

d) $\begin{bmatrix} 4 & -4 \\ -3 & 1 \end{bmatrix}$

e) $\begin{bmatrix} 4 & 4 \\ 4 & 1 \end{bmatrix}$

22) (UFRS) Se a matriz $\begin{bmatrix} 1 & 2 & y \\ x & 4 & 5 \\ 3 & z & 6 \end{bmatrix}$ for simétrica, então x + y + z é:

a) 7   b) 9   c) 10   d) 11   e) 12

23) (UCMG) O valor de x para que o produto das matrizes $A = \begin{bmatrix} -2 & x \\ 3 & 1 \end{bmatrix}$ e $B = \begin{bmatrix} 1 & -1 \\ 0 & 1 \end{bmatrix}$ seja uma matriz simétrica é:

a) −1   b) 0   c) 1   d) 2   e) 3

24) (UCMG) O produto A X B das matrizes $A = \begin{bmatrix} 1 & 2 \\ 3 & 4 \end{bmatrix}$ e $B = \begin{bmatrix} 1 & 3 \\ 2 & 4 \end{bmatrix}$ é uma matriz:

a) simétrica
b) antissimétrica
c) não inversível
d) nula
e) identidade

25) (UFRPE) Qual o determinante da matriz $\begin{bmatrix} 1 & 3 & 4 \\ 6 & 2 & 1 \\ 4 & 8 & 6 \end{bmatrix}$?

a) 55   b) 68   c) 32   d) 20   e) 88

26) (UEBA) Sejam as matrizes $A = \begin{bmatrix} 1 & 2 \\ 3 & 4 \end{bmatrix}$ e $B = \begin{bmatrix} -1 & 3 \\ x & 2 \end{bmatrix}$. O valor de x para o qual o determinante de A.B se anula é:

a) 3   b) 1   c) 0   d) –2/3   e) –1

27) (FGV) Considere a equação det(A – x.I) = 0 onde $A = \begin{bmatrix} 1 & 3 \\ 2 & 4 \end{bmatrix}$, $x \in \mathbb{R}$ e $I = \begin{bmatrix} 1 & 0 \\ 0 & 1 \end{bmatrix}$. A soma das raízes desta equação vale:

a) 5   b) 10   c) 15   d) 20   e) 25

28) (FGV) As matrizes A, B e C são quadradas de ordem 2. Assinale a alternativa incorreta.

a) $(A + B)^2 = A^2 + B^2 + AB + BA$
b) $(B + C)(B – C) = B^2 – C^2 – BC + CB$
c) det(2A) = 4.det(A)
d) det(–B) = –det(B)

29) Calcule o valor do determinante $\begin{vmatrix} 1 & 1 & 1 \\ 3 & 9 & 6 \\ 4 & 10 & 7 \end{vmatrix}$.

CURIOSIDADE

"A geometria faz com que possamos adquirir o hábito de raciocinar e esse hábito pode ser empregado, então, na pesquisa de verdade e ajudar-nos na vida!"

Jacques Bernoulli

2.3 Sistemas de duas equações lineares com duas incógnitas

Vamos iniciar com o seguinte problema:

> Compareceram a um jantar vinte pessoas. Cinco pessoas eram convidadas, por isso nada pagaram, mas cada uma das outras teve que contribuir com a sua parcela da conta mais R$ 30,00. Qual foi o valor total dessa conta?

Evidentemente, temos diversas maneiras de resolver um determinado problema e o leitor fica, naturalmente, convidado a apresentar a sua. Como nosso interesse é que o problema seja utilizado como motivação para a introdução ao estudo dos sistemas, tomaremos esse viés.

Denominando de y o total arrecado e de x o valor que cada um deveria pagar se não houvesse nenhum convidado, podemos escrever as equações:

$$y = 20x$$

$$y = 15(x + 30)$$

Podemos resolver o sistema igualando as duas equações.
20x = 15 (x + 30)
x = 90

Como estamos interessados no valor de y, basta substituir o valor de x em uma das equações:
y = 20 x 90 = 1.800

Esse sistema de equações poderia ter sido escrito da seguinte forma:
20x − y = 0
15x − y = −450

Entretanto, é possível estabelecer um *link* entre o sistema de equações e o estudo das matrizes. Pois bem, podemos escrever o sistema obtido da seguinte forma:

$$\begin{bmatrix} 20 & -1 \\ 15 & -1 \end{bmatrix} \begin{bmatrix} x \\ y \end{bmatrix} = \begin{bmatrix} 0 \\ -450 \end{bmatrix}$$

Vale a pena ressaltar que essa forma de escrever é a chamada forma matricial e como tal podemos dar esse tratamento ao nosso sistema de equações. Assim:

$$A.X = B$$

Onde:
A → é a matriz formada pelos coeficientes das equações
X → é a matriz formada pelas incógnitas
B → é a matriz dos termos independentes

Considerando a equação matricial A.X = B, podemos resolver da seguinte forma:

$A^{-1}.A.X = A^{-1}.B$

$I.X = A^{-1}.B$

$X = A^{-1}.B$

Onde A^{-1} é matriz inversa de A.

Desse modo é possível não só escrever um sistema de equações de forma matricial, mas também resolvê-lo utilizando a teoria matricial. Vejamos como podemos escrever alguns sistemas como matrizes.

⭐ EXEMPLOS

1)
$$\begin{cases} x + 3y = 2 \\ 2x - 5y = 4 \end{cases}$$

Forma matricial: $\begin{bmatrix} 1 & 3 \\ 2 & -5 \end{bmatrix} \begin{bmatrix} x \\ y \end{bmatrix} = \begin{bmatrix} 2 \\ 4 \end{bmatrix}$

2)
$$\begin{cases} x + y + z = 3 \\ 2x - y + 2z = 5 \\ 2x - y - z = 1 \end{cases}$$

Forma matricial: $\begin{bmatrix} 1 & 1 & 1 \\ 2 & -1 & 2 \\ 2 & -1 & -1 \end{bmatrix} = \begin{bmatrix} x \\ y \\ z \end{bmatrix} \begin{bmatrix} 3 \\ 5 \\ 1 \end{bmatrix}$

💬 COMENTÁRIO

A matemática certamente não é um "esporte" para observadores. Aqueles que mergulham em suas profundezas são submetidos às maiores dificuldades e a história nos sinaliza isso. Não são raros os homens e mulheres que aceitaram com muita perseverança e determinação essas dificuldades e se tornaram grandes exemplos para a humanidade. Não citaremos nomes, pois podemos incorrer num dos erros mais primários que é esquecer algumas dessas pessoas que contribuíram amplamente com nossa civilização. Convidamos vocês a transporem um pequeno obstáculo sem sabermos se um dia teremos contribuído para outros que escreverão seus nomes nos anais da ciência.

EXERCÍCIOS DE FIXAÇÃO

30) (FEI-SP) A soma dos preços de dois equipamentos é R$ 90,00. Somando 30% do preço de um deles com 60% do preço do outro, obtém-se R$ 42,00. A diferença entre os preços desses equipamentos, em valor absoluto, é igual a:

a) R$ 20,00   b) R$ 10,00   c) R$ 25,00   d) R$ 15,00   e) R$ 12,00

31) (UF-GO) Uma pequena empresa, especializada em fabricar cintos e bolsas, produz mensalmente 1.200 peças. Em um determinado mês, a produção de bolsas foi três vezes maior que a produção de cintos. Nesse caso, a quantidade de bolsas produzidas nesse mês foi:

a) 900   b) 750   c) 600   d) 450   e) 300

32) (UFF) Cada filha de Luiz Antônio tem o número de irmãs igual à quarta parte do número de irmãos. Cada filho de Luiz Antônio tem o número de irmãos igual ao triplo do número de irmãs. O total de filhas de Luiz Antônio é:

a) 5   b) 6   c) 11   d) 16   e) 21

33) (UNIRIO) Num escritório de advocacia trabalham apenas dois advogados e uma secretária. Como o Dr. André e o Dr. Carlos sempre advogam em causas diferentes, a secretária, Cláudia, coloca 1 grampo em cada processo do Dr. André e 2 grampos em cada processo do Dr. Carlos, para diferenciá-los facilmente no arquivo. Sabendo-se que, ao todo, são 78 processos nos quais foram usados 110 grampos, podemos concluir que o número de processos do Dr. Carlos é igual a:

a) 64   b) 46   c) 40   d) 32   e) 28

34) (EPCAR) Um caixa automático de um banco só libera notas de R$ 5,00 e R$ 10,00. Uma pessoa retirou desse caixa a importância de R$ 65,00, recebendo 10 notas. O produto do número de notas de R$ 5,00 pelo número de notas de R$ 10,00 é igual a:

a) 16   b) 25   c) 24   d) 21   e) 27

35) (Colégio Naval) Sejam 30 moedas, algumas de 1 centavo e outras de 5 centavos, onde cada uma tem, respectivamente, 13,5 e 18,5 milímetros de raio. Alinhando-se estas moedas, isto é, colocando-se uma do lado da outra, obtém-se o comprimento de 1 metro. O valor total das moedas é:

a) R$ 0,92   b) R$ 1,06   c) R$ 1,34   d) R$ 2,00   e) R$ 2,08

36) (UF-ES) Uma pessoa é submetida a uma dieta na qual são sugeridos três cardápios de café da manhã equivalentes em calorias. A primeira sugestão contém 100 gramas de carboidrato e 30 gramas de proteína. A segunda sugestão contém 80 gramas de carboidrato e 40 gramas de proteína, e a terceira é constituída apenas de carboidrato. A quantidade, em gramas, de carboidrato que a pessoa deve comer no terceiro cardápio é:

a) 120   b) 140   c) 160   d) 180   e) 200

37) (UFJF-MG) Uma gaveta contém somente lápis, canetas e borrachas. A quantidade de lápis é o triplo da quantidade de canetas. Se colocarmos mais 12 canetas e retirarmos 2 borrachas, a gaveta passará a conter o mesmo número de lápis, canetas e borrachas. Quantos objetos havia na gaveta inicialmente?

a) 34   b) 44   c) 54   d) 64   e) 74

38) (UF-PB) Fernando foi a um caixa eletrônico e fez um saque em cédulas de três tipos diferentes: R$ 20,00, R$ 10,00 e R$ 5,00. Sabe-se que ele retirou 14 cédulas e que a quantia retirada foi a mesma para cada tipo de cédula. A quantia sacada por Fernando foi:

a) R$ 120,00   b) R$ 150,00   c) R$ 180,00   d) R$ 210,00   e) R$ 240,00

39) (VUNESP) Numa campanha do meio ambiente, uma prefeitura dá descontos na conta de água em troca de latas de alumínio e garrafas de plástico (PET) arrecadadas. Para um quilograma de alumínio, o desconto é de R$ 2,90 na conta de água; para um quilograma de plástico, o abatimento é de R$ 0,17. Uma família obteve R$ 16,20 de desconto na conta de água com a troca de alumínio e garrafas plásticas. Se a quantidade (em quilogramas) de plástico que a família entregou foi o dobro da quantidade de alumínio, a quantidade de plástico, em quilogramas, que essa família entregou na campanha foi:

a) 5   b) 6   c) 8   d) 9   e) 10

40) (UF-AL) Sejam A, B e C os preços de três produtos distintos vendidos em certa loja. O preço A é um terço do preço C. O preço B é igual à soma dos preços A e C subtraída de R$ 7,50. O preço C é o dobro do preço B. Quanto custa a compra de uma unidade de cada um dos três produtos?

a) R$ 14,50   b) R$ 15,00   c) R$ 15,50   d) R$ 16,00   e) R$ 16,50

41) (UFSCar-SP) Uma loja vende três tipos de lâmpada (x, y e z). Ana comprou 3 lâmpadas tipo x, 7 tipo y e 1 tipo z, pagando R$ 42,10 pela compra. Beto comprou 4 lâmpadas tipo x, 10 tipo y e 1 tipo z, o que totalizou R$ 47,30. Nas condições dadas, a compra de três lâmpadas, sendo uma de cada tipo, custa nessa loja:

a) R$ 30,50   b) R$ 31,40   c) R$ 31,70   d) R$ 32,30   e) R$ 33,20

42) (UFR-RJ) Em um show de pagode, os ingressos foram vendidos ao preço de R$ 10,00 para homens adultos (maiores de 18 anos), R$ 5,00 para mulheres adultas (maiores de 18 anos) e R$ 3,00 para adolescentes (entre 14 e 18 anos). Arrecadaram-se R$ 4.450,00 com a venda de 650 ingressos.
Sabendo-se que somente 150 adolescentes estiveram no show, o valor arrecadado com a venda de ingressos para mulheres adultas foi:

a) R$ 800,00
b) R$ 900,00
c) R$ 1.000,00
d) R$ 1.100,00
e) R$ 1.200,00

43) (FATEC-SP) Pelo fato de estar com o peso acima do recomendado, uma pessoa está fazendo o controle das calorias dos alimentos que ingere. Sabe-se que 3 colheres de sopa de arroz, 2 almôndegas e uma porção de brócolis têm 274 calorias. Já 2 colheres de sopa de arroz, 3 almôndegas e uma porção de brocólis têm 290 calorias. Por outro lado, 2 colheres de sopa de arroz, 2 almôndegas e 2 porções de brócolis têm 252 calorias. Se ontem seu almoço consistiu em uma colher de sopa de arroz, 2 almôndegas e uma porção de brocólis, quantas calorias teve essa refeição?

a) 186   b) 170   c) 160   d) 148   e) 126

44) (FEI-SP) Adicionando, dois a dois, três inteiros, obtemos os valores 42, 48 e 52. Qual o produto dos três inteiros?

a) 12.637   b) 12.376   c) 12.673   d) 12.367   e) 12.763

45) (PUC-MG) Um vendedor ambulante paga uma conta de R$ 175,00 em cédulas de R$ 5,00 e R$ 10,00, num total de 26 cédulas. O número n de cédulas de R$ 10,00 usadas para o pagamento dessa conta é tal que:

a) $9 \leq n < 12$ b) $12 \leq n < 17$ c) $17 \leq n < 20$ d) $20 \leq n < 23$

46) (FEI –SP) Um número é formado por dois algarismos, sendo a soma de seus valores absolutos igual a 10. Quando se trocam as posições desses algarismos entre si, o número obtido ultrapassa de 26 unidades o dobro do número dado. Nestas condições, o triplo desse número vale:

a) 28   b) 56   c) 84   d) 164   e) 246

47) (UFPE) Um laboratório tem em seu acervo besouros (com seis pernas cada um) e aranhas (com oito pernas cada uma). Se o número total de pernas excede em 214 o número de besouros e aranhas, e o número de aranhas é inferior em 14 ao número de besouros, quantas são as aranhas?

a) 15   b) 14   c) 13   d) 12   e) 11

48) (UFPR) Numa empresa de transportes, um encarregado recebe R$ 400,00 a mais que um carregador, porém cada encarregado recebe apenas 75% do salário de um supervisor de cargas. Sabendo que a empresa possui 2 supervisores de cargas, 6 encarregados e 40 carregadores e que a soma dos salários de todos esses funcionários é R$ 57.000,00, qual é o salário de um encarregado?

a) R$ 2.000,00   c) R$ 1.500,00   e) R$ 1.100,00
b) R$ 1.800,00   d) R$ 1.250,00

49) (UFAL) Em uma padaria, 3 sanduíches, 2 sucos e 4 cafezinhos custam, juntos, R$ 12,90, enquanto 2 sanduíches, 3 sucos e 5 cafezinhos custam, juntos, R$ 13,50. Nesta padaria, quanto custam, juntos, 4 sanduíches, 1 suco e 3 cafezinhos?

a) R$ 12,20   b) R$ 12,30   c) R$ 12, 40   d) R$ 12,50   e) R$ 12,60

50) (FGV) Quatro ônibus (representados por 1, 2, 3 e 4) levaram torcedores de um time de futebol para assistir um jogo em outra cidade. Cada um deles tinha capacidade para 46 passageiros. Durante uma parada, todos os torcedores saíram dos ônibus, mas quando retornaram vários torcedores não entraram no mesmo ônibus de onde tinham saído. Além disso, o ônibus 4 apresentou defeito, não pôde continuar a viagem e seus ocupantes tiveram que se acomodar nos três ônibus restantes.

Na matriz A abaixo cada elemento a_{ij} representa o número de pessoas que saíram do ônibus i e, após a parada, entraram no ônibus j.

$$A = \begin{bmatrix} 20 & 4 & 7 \\ 3 & 22 & 8 \\ 9 & 8 & 15 \\ 13 & 10 & 11 \end{bmatrix}$$

Então, é correto concluir que:
a) depois da parada, um ônibus ficou lotado.
b) antes da parada, dois ônibus tinham a mesma quantidade de passageiros.
c) depos da parada, o ônibus 3 ficou com 11 passageiros a mais.
d) depois da parada, o ônibus 2 ficou com 13 passageiros a mais.
e) depois da parada, o ônibus 1 ficou com 14 passageiros a mais.

51) (UNCISAL) Sejam as matrizes $A = \begin{bmatrix} -1 & 2a \\ 3 & b \end{bmatrix}$ e $B = \begin{bmatrix} a^2 & 1 \\ 0 & a \end{bmatrix}$. Se $A + B = \begin{bmatrix} 8 & 7 \\ 3 & 8 \end{bmatrix}$, então A^t (matriz transposta de A) é:

a) $\begin{bmatrix} 0 & 3 \\ 2 & 1 \end{bmatrix}$

b) $\begin{bmatrix} 1 & 5 \\ 6 & 3 \end{bmatrix}$

c) $\begin{bmatrix} 6 & 3 \\ 1 & 5 \end{bmatrix}$

d) $\begin{bmatrix} -6 & 3 \\ 1 & 5 \end{bmatrix}$

e) $\begin{bmatrix} -1 & 3 \\ 6 & 5 \end{bmatrix}$

52) (UESC-BA) O fluxo de veículos que circula pelas ruas de mão dupla 1, 2 e 3 é controlado por um semáforo de tal modo que, cada vez que sinaliza a passagem de veículos, é possível que passem até 12 carros, por minuto, de uma rua para outra. Na matriz

$S = \begin{pmatrix} 0 & 90 & 36 \\ 90 & 0 & 75 \\ 36 & 75 & 0 \end{pmatrix}$, cada termo s_{ij} indica o tempo, em segundos, que o semáforo fica aberto, num período de 2 minutos, para que haja o fluxo da rua i para a rua j. Então, o número máximo de automóveis que podem passar da rua 2 para a rua 3, das 8h às 10h de um mesmo dia, é:

a) 1.100   b) 1.080   c) 900   d) 576   e) 432

53) (ESPM-SP) A distribuição dos n moradores de um pequeno prédio de apartamentos é dada pela matriz:

$$\begin{bmatrix} 4 & x & 5 \\ 1 & 3 & y \\ 6 & y & x+1 \end{bmatrix}$$

onde cada elemento a_{ij} representa a quantidade de moradores do apartamento j do andar i. Sabe-se que no 1º andar moram 3 pessoas a mais que no 2º e que os apartamentos de número 3 comportam 12 pessoas ao todo. O valor de n é:

a) 30   b) 31   c) 32   d) 33   e) 34

54) (UFRN) Uma companhia de aviação pretende fazer manutenção em três de seus aviões e, para isso, definiu o período de 4 dias, a contar da aprovação das propostas, para a conclusão do serviço. Os orçamentos (em milhares de reais) das três empresas que apresentaram propostas estão indicados na matriz $A_{3\times 3}$ abaixo, onde cada a_{ij} corresponde ao orçamento da empresa i para a manutenção do avião j.

$$A = \begin{pmatrix} 23 & 66 & 17 \\ 19 & 62 & 12 \\ 28 & 57 & 08 \end{pmatrix}$$

Como cada uma dessas empresas só terá condições de efetuar, no prazo estabelecido, a manutenção de um avião, a companhia terá que escolher, para cada avião, uma empresa distinta. A escolha que a companhia de aviação deverá fazer para que sua despesa seja a menor possível será:

a) Empresa 1: avião 1; empresa 2: avião 3 e empresa 3: avião 2.
b) Empresa 1: avião 1; empresa 2: avião 2 e empresa 3: avião 3.
c) Empresa 1: avião 3; empresa 2: avião 2 e empresa 3: avião 1.
d) Empresa 1: avião 2; empresa 2: avião 3 e empresa 3: avião 1.

55) (ESPM-SP) Dadas as matrizes $A = \begin{bmatrix} x & 2 \\ 1 & 1 \end{bmatrix}$ e $B = \begin{bmatrix} 1 & x \\ -1 & 2 \end{bmatrix}$, a diferença entre os valores de x, tais que $\det(A.B) = 3x$ pode ser igual a:

a) 3   b) –2   c) 5   d) –4   e) 1

56) (UFV-MG) O valor do determinante $\begin{vmatrix} 2 & 0 & 1 \\ 1 & 1 & 0 \\ 2 & 1 & 3 \end{vmatrix}$ é:

a) 5   b) 6   c) 7   d) 8

57) (Feevale-RS) Sendo $\begin{vmatrix} x & y \\ 1 & 1 \end{vmatrix} = 6$, o valor de $\begin{vmatrix} 3x+1 & 8 \\ 3y+1 & 8 \end{vmatrix}$ é:

a) 6   b) 8   c) 24   d) 128   e) 144

58) (Ifal) Se $A = \begin{pmatrix} 1 & 2 \\ -1 & 0 \end{pmatrix}$ e $B = \begin{pmatrix} 1 & 2 \\ -1 & 0 \end{pmatrix}$, o determinante da matriz $(AB)^{-1}$ é:

a) $-1/10$ b) $21/10$ c) $13/10$ d) $-13/10$ e) nda.

59) (FATEC-SP) Se x é um número real positivo tal que:

$A = \begin{bmatrix} 1 & -1 \\ x & 0 \end{bmatrix}$, $B = \begin{bmatrix} -x & 1 \\ 1 & -1 \end{bmatrix}$ e $\det(AB) = 2$, então x^{-x} é igual a:

a) -4 b) $1/4$ c) 1 d) 2 e) 4

60) (UECE) Considere as matrizes M, N e P dadas por:

$M = \begin{pmatrix} 2 & 1 & 3 \\ 1 & 1 & 1 \end{pmatrix}$, $N = \begin{pmatrix} 1 & -1 \\ 2 & 1 \\ -1 & 1 \end{pmatrix}$ e $P = MN$.

O valor do determinante da matriz inversa de P é:

a) 3 b) $1/3$ c) -3 d) $-1/3$

61) (UFV-MG) Considere as matrizes quadradas de ordem 2:

$A = \begin{pmatrix} 1 & 0 \\ 2 & 1 \end{pmatrix}$ e $B = \begin{pmatrix} 2 & 1 \\ 0 & 2 \end{pmatrix}$

Seja $M = A.B^t$, onde B^t é a matriz transposta de B. O determinante da matriz inversa de M é:

a) $1/8$ b) $1/6$ c) $1/4$ d) $1/2$

62) (UEPB) Sendo $A = \begin{pmatrix} m & n \\ 2 & -10 \end{pmatrix}$ uma matriz inversível com inversa A^{-1}, suponha que $\det A^{-1} = -1/6$, podemos afirmar que:

a) $5m + n = -3$
b) $5m - n = 3$
c) $5m + n = 3$
d) $m + n = 1$
e) $n - 5m = 3$

63) (UDESC) Dada a matriz $A = \begin{pmatrix} 1 & 2 \\ 1 & -1 \end{pmatrix}$, seja a matriz B tal que $A^{-1} B A = D$, onde $D = \begin{pmatrix} 2 & 1 \\ -1 & 2 \end{pmatrix}$, então o determinante de B é igual a:

a) 3 b) -5 c) 2 d) 5 e) -3

64) (UFP) Maria afirmou para João: "A e B são matrizes tais que o produto AB possui inversa".
A partir dessa informação, João concluiu:
I. A matriz $B^t A^t$ possui inversa.
II. As matrizes A e B possuem inversa.

III. O determinante de **AB** é diferente de zero.

A(s) conclusão (ões) verdadeira(s) é (são) apenas:

a) I   b) II   c) III   d) I e II   e) I, II e III

65) (UFCG-PB) Dois alunos estavam trabalhando com a sequência $2^{-5}, 2^{-4}, 2^{-3}, ..., 2^{18}, 2^{19}$, quando um outro aluno aproveitou a oportunidade e construiu uma matriz $A_{n \times n}$ com esses números, sem repetir qualquer deles. Depois disso, lançou um desafio aos amigos, perguntando a relação entre det(2A) e det(A). Qual a resposta a esse desafio?

a) det(2A) = det(A)
b) det(2A) = 3 det(A)
c) det(2A) = 16 det(A)
d) det(2A) = 32 det(A)
e) det(2A) = 81 det(A)

66) (UFU-MG) Considere a sequência numérica 1, 2, 3, 5, 8, 13, 21, ... (que a menos da ausência do primeiro termo, é conhecida como a sequência de Fibonacci), em que cada um dos termos, a partir do terceiro, é a soma dos dois anteriores. Seja A uma matriz quadrada de ordem três, formada com quaisquer 9 elementos consecutivos desta sequência, dispostos consecutivamente, em A, nas posições $a_{11}, a_{12}, a_{13},..., a_{31},..., a_{33}$. Qual é o determinante de A?

a) –1   b) 0   c) 1   d) 3   e) 5

67) (FATEC-SP) O traço de uma matriz quadrada é a soma dos elementos de sua diagonal principal. Se os números inteiros x e y são tais que a matriz $\begin{pmatrix} 2 & 1 & 0 \\ 3 & x & 4 \\ 1 & 1 & y \end{pmatrix}$ tem traço igual a 4 e determinante igual a –19, então o produto xy é igual a:

a) –4   b) –3   c) –1   d) 1   e) 3

68) (ITA-SP) Em uma mesa de uma lanchonete, o consumo de 3 sanduíches, 7 xícaras de café e 1 pedaço de torta totalizou R$ 31,50. Em outra mesa, o consumo de 4 sanduíches, 10 xícaras de café e 1 pedaço de torta totalizou R$ 42,00. Então, o consumo de 1 sanduíche, 1 xícara de café e 1 pedaço de torta totaliza o valor de:

a) R$ 17,50   b) R$16,50   c) R$ 12,50   d) R$10,50   e) R$ 9,50

69) (UPE) Em uma floricultura é possível montar arranjos diferentes com rosas, lírios e margaridas. Um arranjo com 4 margaridas, 2 lírios e 3 rosas custa 42 reais. No entanto, se o arranjo tiver uma margarida, 2 lírios e uma rosa, ele custa 20 reais. Entretanto, se o arranjo tiver 2 margaridas, 4 lírios e uma rosa, custará 32 reais. Nessa floricultura, quanto custará um arranjo simples com uma margarida, um lírio e uma rosa?

a) 5 reais   b) 8 reais   c) 10 reais   d) 15 reais   e) 24 reais

70) (FGV-SP) Como se sabe, no jogo de basquete, cada arremesso convertido de dentro do garrafão vale 2 pontos e, de fora do garrafão, vale 3 pontos. Um time combinou com seu clube que receberia R$ 50,00 para cada arremesso de 3 pontos convertido e R$ 30,00 para cada arremesso de 2 pontos convertido. Ao final do jogo, o time fez 113 pontos e recebeu R$ 1.760,00. Então, a quantidade de arremessos convertidos de 3 pontos foi:

a) 13   b) 15   c) 16   d) 17   e) 18

71) (UE-GO) Um feirante vendeu todo o seu estoque de maçãs e peras por R$ 350,00. O preço de venda das peras e das maçãs está descrito abaixo:

3 maçãs por R$ 2,00
2 peras por R$ 1,50

Se o feirante tivesse vendido somente metade das maçãs e 2/5 das peras, ele teria arrecado R$ 160,00. Sendo assim, quantas frutas o feirante vendeu?

a) 200   b) 300   c) 400   d) 500

72) (FGV-SP) Na cantina de um colégio o preço de 3 chicletes, 7 balas e 1 refrigerante é R$ 3,15. Mudando-se as quantidades para 4 chicletes, 10 balas e 1 refrigerante, o preço, nessa cantina, passa para R$ 4,20. O preço, em reais, de 1 chiclete, 1 bala e 1 refrigerante nessa mesma cantina é igual a:

a) 1,70   b) 1,65   c) 1,20   d) 1,05   e) 0,95

73) (UFC-CE) Uma fábrica de confecções produziu, sob encomenda, 70 peças de roupas entre camisas, batas e calças, sendo a quantidade de camisas igual ao dobro da quantidade de calças. Se o número de bolsos em cada camisa, bata e calça é dois, três e quatro, respectivamente, e o número total de bolsos nas peças é 200, então podemos afirmar que a quantidade de batas é:

a) 36   b) 38   c) 40   d) 42   e) 44

74) (UNIFESP) Em uma lanchonete, o custo de 3 sanduíches, 7 refrigerantes e uma torta de maçã é R$ 22,50. Com 4 sanduíches, 10 refrigerantes e uma torta de maçã, o custo vai para R$ 30,50. O custo de um sanduíche, um refrigerante e uma torta de maçã, em reais, é:

a) 7,00   b) 6,50   c) 6,00   d) 5,50   e) 5,00

75) (PUC-MG) Cada grama do produto P custa R$ 0,21 e cada grama do produto Q, R$ 0,18. Cada quilo de certa mistura desses dois produtos, feita por um laboratório, custa R$192,00. Com base nesses dados, pode-se afirmar que a quantidade do produto P utilizada para fazer um quilo dessa mistura é:

a) 300 g   b) 400 g   c) 600 g   d) 700 g

76) (FGV-SP) Considere três trabalhadores. O segundo e o terceiro, juntos, podem completar um trabalho em 10 dias. O primeiro e o terceiro, juntos, podem fazê-lo em 12 dias, enquanto o primeiro e o segundo, juntos, podem fazê-lo em 15 dias. Em quantos dias os três juntos podem fazer o trabalho?

77) (UFPE) Quatro amigos A, B, C e D compraram um presente que custou R$ 360,00. Se:

A pagou metade do que pagaram B, C e D;

B pagou um terço do que pagaram juntos A, C e D; e

C pagou um quarto do que pagaram A, B e D.

Quanto pagou D, em reais?

78) (UNIFESP) Considere a equação **4x + 12 y = 1.705**. Diz-se que ela admite uma solução inteira se existir um par ordenado (x, y), com x e y inteiros, que a satisfaça identicamente. A quantidade de soluções inteiras dessa equação é:

a) 0   b) 1   c) 2   d) 3   e) 4

79) (PUC-MG) O código de trânsito de certo país adota o sistema de pontuação em carteira para os motoristas: são atribuídos 4 pontos quando se trata de infração leve, 5 pontos por infração grave e 7 pontos por infração gravíssima. Considere um motorista que, durante um ano, cometeu o mesmo número de infrações leves e graves, foi autuado p vezes por infrações gravíssimas e acumulou 57 pontos em sua carteira. Nessas condições, pode-se afirmar que valor de p é igual a:

a) 1   b) 2   c) 3   d) 4   e) 5

PERSONALIDADES

Vários são os casos de genialidade na história da matemática. Aproveitaremos o momento para relembrarmos alguns desses gênios e seus feitos na matemática.

a) Aos 16 anos de idade, Blaise Pascal escreveu um tratado sobre as cônicas que foi considerado como um dos fundamentos da geometria moderna.
b) Carl Friedrick Gauss (1777-1855) calculou a soma dos primeiros 100 números inteiros de uma forma inédita e muito criativa aos 9 anos de idade.
c) Niels Henrik Abel (1802-1829) aos 16 anos de idade fazia estudos sobre o problema de resolução das equações de quinto grau. Morreu precocemente vítima da temível tuberculose, doença incurável na época.
d) Evariste Galois (1811-1832) aos 15 anos discutia e comentava as obras de Legendre e Lagrange.

? CURIOSIDADE

A matemática nos brinda com padrões numéricos bastante interessantes e com um certo toque de beleza. Vejamos alguns:

$$1.9 + 2 = 11$$
$$12.9 + 3 = 111$$
$$123.9 + 4 = 1111$$
$$1234.9 + 5 = 11111$$
$$12345.9 + 6 = 111111$$
$$123456.9 + 7 = 1111111$$
$$1234567.9 + 8 = 11111111$$
$$12345678.9 + 9 = 111111111$$
$$123456789.9 + 10 = 1111111111$$

$$9.9 + 7 = 88$$
$$98.9 + 6 = 888$$
$$987.9 + 5 = 8888$$
$$9876.9 + 4 = 88888$$
$$98765.9 + 3 = 888888$$
$$987654.9 + 2 = 8888888$$
$$9876543.9 + 1 = 88888888$$
$$98765432.9 + 0 = 888888888$$

$$1.8 + 1 = 9$$
$$12.8 + 2 = 98$$
$$123.8 + 3 = 987$$
$$1234.8 + 4 = 9876$$
$$12345.8 + 5 = 98765$$
$$123456.8 + 6 = 987654$$
$$1234567.8 + 7 = 9876543$$
$$12345678.8 + 8 = 98765432$$
$$123456789.8 + 9 = 987654321$$

$$1.1 = 1$$
$$11.11 = 121$$
$$111.111 = 12321$$
$$1111.1111 = 1234321$$
$$11111.11111 = 123454321$$
$$111111.111111 = 12345654321$$
$$1111111.1111111 = 1234567654321$$

$$4.4 = 16$$
$$34.34 = 1156$$
$$334.334 = 111556$$
$$3334.3334 = 11115556$$
$$33334.33334 = 1111155556$$

IMAGENS DO CAPÍTULO

Laplace © Georgios | Dreamstime.com – Pierre Simon Laplace (foto)
Pascal © Georgios | Dreamstime.com – Blaise Pascal (foto)
Desenhos, gráficos e tabelas cedidos pelo autor do capítulo.

GABARITO

2.2 Propriedade dos determinantes

1) Resolvendo o determinante

$$\begin{vmatrix} 2 & 0 & 4 \\ 7 & 8 & 2 \\ 2 & 5 & 5 \end{vmatrix} = 80 + 140 - 64 - 20 = 136 = 8 \times 17$$

Logo, o determinante é divisível por 17.

2) Efetuando o produto de matrizes, temos:

$x + 2y = 5$
$4x + 3y = 10$
$x = 5 - 2y$
$4 \cdot (5 - 2y) + 3y = 10$
$20 - 8y + 3y = 10$
$-5y = -10$
$y = 2$ e $x = 1$

Resp: d) 1 e 2

3) $A^2 + 2A - 11I = \begin{bmatrix} 1 & 2 \\ 4 & -3 \end{bmatrix}\begin{bmatrix} 1 & 2 \\ 4 & -3 \end{bmatrix} + 2\begin{bmatrix} 1 & 2 \\ 4 & -3 \end{bmatrix} - 11\begin{bmatrix} 1 & 0 \\ 0 & 1 \end{bmatrix} =$

$= \begin{bmatrix} 9 & -4 \\ -8 & 17 \end{bmatrix} + \begin{bmatrix} 2 & 4 \\ 8 & -6 \end{bmatrix} - \begin{bmatrix} 11 & 0 \\ 0 & 11 \end{bmatrix} = \begin{bmatrix} 0 & 0 \\ 0 & 0 \end{bmatrix}$

Resp.: c)

4) $\begin{bmatrix} 0 & -1 \\ 1 & 0 \end{bmatrix}\begin{bmatrix} x \\ y \end{bmatrix} = \begin{bmatrix} -y \\ x \end{bmatrix}$

Resp.: d) Uma reflexão numa reta.

5) $AX = 3X = \begin{bmatrix} 1 & 3 \\ 4 & -3 \end{bmatrix} \cdot \begin{bmatrix} x \\ y \end{bmatrix} = 3\begin{bmatrix} x \\ y \end{bmatrix} \Longrightarrow \begin{bmatrix} x + 3y \\ 4x - 3y \end{bmatrix} - \begin{bmatrix} 3x \\ 3y \end{bmatrix} = \begin{bmatrix} 0 \\ 0 \end{bmatrix} \Longrightarrow \begin{cases} -2x + 6y = 0 \\ 4x - 3y = 0 \end{cases} \Longrightarrow x - 3y = 0$

Resp.: b) $\begin{pmatrix} 2 \\ 3 \end{pmatrix}$

6) Seja $B = \begin{bmatrix} a & b \\ c & d \end{bmatrix}$ a inversa da matriz dada. Temos:

$\begin{bmatrix} a & b \\ c & d \end{bmatrix}\begin{bmatrix} 4 & 3 \\ 1 & 1 \end{bmatrix} = \begin{bmatrix} 1 & 0 \\ 0 & 1 \end{bmatrix}$

$\begin{cases} 4a + b = 1 \\ 3a + b = 0 \end{cases}$

$a = 1$ e $b = -3$

$$\begin{cases} 4c + d = 0 \\ 3c + d = 1 \end{cases}$$

c = -1 e d = 4

$$B = \begin{bmatrix} 1 & -3 \\ -1 & 4 \end{bmatrix}$$

Resp: b)

7) Se A é do tipo 2 x 3 e AB é do tipo 2 x 5, então B será do tipo: 3 x 5
Resp: d)

8) a) $P^2 = \begin{bmatrix} 1 & 1 \\ 0 & 1 \end{bmatrix}\begin{bmatrix} 1 & 1 \\ 0 & 1 \end{bmatrix} = \begin{bmatrix} 1 & 2 \\ 0 & 1 \end{bmatrix}$

$P^3 = P^2 \cdot P = \begin{bmatrix} 1 & 2 \\ 0 & 1 \end{bmatrix}\begin{bmatrix} 1 & 1 \\ 0 & 1 \end{bmatrix} = \begin{bmatrix} 1 & 3 \\ 0 & 1 \end{bmatrix}$

b) $P^n = \begin{bmatrix} 1 & n \\ 0 & 1 \end{bmatrix}$

Vamos provar por indução:
n = 1; obviamente, verdadeira: $P = \begin{bmatrix} 1 & 1 \\ 0 & 1 \end{bmatrix}$

Suponha n = k verdadeira e vamos provar que vale para n = k +1.

$P^k = \begin{bmatrix} 1 & k \\ 0 & 1 \end{bmatrix}$, então: $\begin{bmatrix} 1 & k \\ 0 & 1 \end{bmatrix}\begin{bmatrix} 1 & 1 \\ 0 & 1 \end{bmatrix} = \begin{bmatrix} 1 & k+1 \\ 0 & 1 \end{bmatrix} = P^{k+1}$

9) Solução: $AB - BA = \begin{bmatrix} 3 & 0 \\ 1 & -4 \end{bmatrix}\begin{bmatrix} 2 & 1 \\ -1 & 0 \end{bmatrix} - \begin{bmatrix} 2 & 1 \\ -1 & 0 \end{bmatrix}\begin{bmatrix} 3 & 0 \\ 1 & -4 \end{bmatrix} = \begin{bmatrix} 6 & 3 \\ 6 & 1 \end{bmatrix} - \begin{bmatrix} 7 & -4 \\ -3 & 0 \end{bmatrix} = \begin{bmatrix} -1 & 7 \\ 9 & 1 \end{bmatrix}$

Resp: b)

10) De imediato, determinaremos a inversa da matriz M.

a) $M^{-1} = \begin{bmatrix} a & b \\ c & d \end{bmatrix}$.

$\begin{bmatrix} 1 & 0 \\ 2 & 1 \end{bmatrix}\begin{bmatrix} a & b \\ c & d \end{bmatrix} = \begin{bmatrix} 1 & 0 \\ 0 & 1 \end{bmatrix}$

$\begin{bmatrix} a & b \\ 2a + c & 2b + d \end{bmatrix} = \begin{bmatrix} 1 & 0 \\ 0 & 1 \end{bmatrix}$

a =1 , b = 0
2a + c = 0 e 2b + d =1
c = −2 e d = 1

$M^{-1} = \begin{bmatrix} 1 & 0 \\ -2 & 1 \end{bmatrix}$

b) $M^{-1}AM = \begin{bmatrix} 1 & 0 \\ -2 & 1 \end{bmatrix}\begin{bmatrix} 2 & 1 \\ 1 & 1 \end{bmatrix}\begin{bmatrix} 1 & 0 \\ 2 & 1 \end{bmatrix} = \begin{bmatrix} 4 & 1 \\ -5 & -1 \end{bmatrix}$

Traço = 4 + (−1) = 3

11) Substituindo as matrizes M, N e P, teremos:

$$\frac{3}{2}\begin{bmatrix} x & 8 \\ 10 & y \end{bmatrix} + \frac{2}{3}\begin{bmatrix} y & 6 \\ 12 & x+4 \end{bmatrix} = \begin{bmatrix} 7 & 16 \\ 23 & 13 \end{bmatrix}$$

$$\begin{bmatrix} \frac{3x}{2} & 12 \\ 15 & \frac{3y}{2} \end{bmatrix} + \begin{bmatrix} \frac{2y}{3} & 4 \\ 8 & \frac{2x+8}{2} \end{bmatrix} = \begin{bmatrix} 7 & 16 \\ 23 & 13 \end{bmatrix}$$

$$\begin{cases} \frac{3x}{2} + \frac{2y}{3} = 7 \\ \frac{3y}{2} + \frac{2x+8}{3} = 13 \end{cases}$$

Eliminando os denominadores, temos:

$$\begin{cases} 9x + 4y = 42 \\ 9y + 4x + 16 = 78 \end{cases}$$

Resolvendo o sistema de equações, temos: $x = 2$ e $y = 6$ e daí: $y - x = 4$
Resp: b)

12) Sabendo que $A - B$ existe, podemos afirmar que:
$r = s = a$, logo: uma matriz do tipo $3 \times a$, multiplicada por uma matriz do tipo 3×4, para ter como resultado uma matriz do tipo 3×4, é necessário que:
$a = 2$ e $t = 4$. Portanto, $r = s = 2$ e $t = 4$ e $r + s + t = 8$.
Resp: b)

13) Multiplicando as matrizes, temos:

$$D = \begin{bmatrix} x+3y \\ 2x+4y \end{bmatrix}$$

Resp: a)

14) Efetuando cada uma das opções, vem:

$$AB = \begin{bmatrix} 0 & -1 \\ 0 & 0 \end{bmatrix}\begin{bmatrix} 0 & 0 \\ 0 & 1 \end{bmatrix} = \begin{bmatrix} 0 & -1 \\ 0 & 0 \end{bmatrix} \text{(Falsa)}$$

$$BA = \begin{bmatrix} 0 & 0 \\ 0 & 1 \end{bmatrix}\begin{bmatrix} 0 & -1 \\ 0 & 0 \end{bmatrix} = \begin{bmatrix} 0 & 0 \\ 0 & 0 \end{bmatrix} \text{(Falsa)}$$

$$A^2 = \begin{bmatrix} 0 & -1 \\ 0 & 0 \end{bmatrix}\begin{bmatrix} 0 & -1 \\ 0 & 0 \end{bmatrix} = \begin{bmatrix} 0 & 0 \\ 0 & 0 \end{bmatrix} \text{(Verdadeira)}$$

$$B^2 = \begin{bmatrix} 0 & 0 \\ 0 & 1 \end{bmatrix}\begin{bmatrix} 0 & 0 \\ 0 & 1 \end{bmatrix} = \begin{bmatrix} 0 & 0 \\ 0 & 1 \end{bmatrix} \text{(Falsa)}$$

$$A+B = \begin{bmatrix} 0 & -1 \\ 0 & 0 \end{bmatrix} + \begin{bmatrix} 0 & 0 \\ 0 & 1 \end{bmatrix} = \begin{bmatrix} 0 & -1 \\ 0 & 0 \end{bmatrix} \text{(Falsa)}$$

Resp : c) B^2 é nula

15) Devemos efetuar o produto das duas matrizes.

$$\begin{bmatrix} 1 & a \\ b & 2 \end{bmatrix}\begin{bmatrix} 2 & 3 \\ 1 & 0 \end{bmatrix} = \begin{bmatrix} 2+a & 3 \\ 2b+2 & 3b \end{bmatrix}\begin{bmatrix} 4 & 3 \\ 2 & 0 \end{bmatrix}$$

Daí, temos:
$\begin{cases} 2 + a = 4 \\ 2b + 2 = 2 \end{cases}$
$3b = 0$
$a = 2$ e $b = 0$, logo: $ab = 0$
Resp: c)

16) Devemos substituir as matrizes A, B e C, na igualdade:

$$\begin{bmatrix} 1 & -2 \\ -3 & 1 \end{bmatrix}\begin{bmatrix} x \\ y \end{bmatrix} = \begin{bmatrix} -2 \\ 1 \end{bmatrix}$$

$\begin{cases} x - 2y = -2 \\ -3x + y = 1 \end{cases}$

Resolvendo o sistema, temos: $x = 0$ e $y = 1$. Portanto, $xy = 0$.
Resp: c)

17) Efetuando o produto de matrizes, teremos:

$$\begin{bmatrix} x & y \\ z & w \end{bmatrix}\begin{bmatrix} 3 & 5 \\ 1 & 2 \end{bmatrix} = \begin{bmatrix} 1 & 0 \\ 0 & 1 \end{bmatrix}$$

$\begin{cases} 3x + y = 1 \\ 5x + 2y = 0 \end{cases}$
$\begin{cases} 3z + w = 0 \\ 5z + 2w = 1 \end{cases}$

Resolvendo os sistemas, encontramos: $y = -5$ e $z = -1$
Resp: d) 5

18) Devemos efetuar a multiplicação das matrizes M e T.

$$MT = \begin{bmatrix} p & 1 \\ 3 & -1 \end{bmatrix}\begin{bmatrix} 2 \\ q \end{bmatrix} = \begin{bmatrix} 2p + q \\ 6 - q \end{bmatrix}$$

Como MT é a matriz nula, temos:
$\begin{cases} 2p + q = 0 \\ 6 - q = 0; q = 6 \end{cases}$
$2p = -6$
$p = -3$
$pq = -18$
Resp : d)

19) Efetuando a multiplicação de matrizes, encontramos:

$$\begin{bmatrix} 4 & x+6 \\ 6 & 10 \end{bmatrix} = \begin{bmatrix} 4 & 8 \\ y & z \end{bmatrix}$$

x + 6 = 8; daí : x = 2
y = 6
z = 10
xyz = 120
Resp: c)

20) Devemos analisar cada uma das afirmações:
I) Falsa
II) Verdadeira
III) Falsa
Resp: a)

21) Substituindo as matrizes A e B na equação matricial:

$$X = \begin{bmatrix} 2 & 0 \\ -1 & 1 \end{bmatrix} + 2\begin{bmatrix} 1 & -2 \\ -1 & 0 \end{bmatrix}$$

$$X = \begin{bmatrix} 2 & 0 \\ -1 & 1 \end{bmatrix} + \begin{bmatrix} 2 & -4 \\ -2 & 0 \end{bmatrix} = \begin{bmatrix} 4 & -4 \\ -3 & 1 \end{bmatrix}$$

Resp: d)

22) Sabemos que a matriz é simétrica quando $A^t = A$. Portanto, teremos:

$$\begin{bmatrix} 1 & 2 & y \\ x & 4 & 5 \\ 3 & z & 6 \end{bmatrix} = \begin{bmatrix} 1 & x & 3 \\ 2 & 4 & z \\ y & 5 & 6 \end{bmatrix}$$

x = 2; y = 3 e z = 5
x + y + z = 10
Resp: c)

23) Vamos determinar a matriz **AB**.

$$AB = \begin{bmatrix} -2 & x \\ 3 & 1 \end{bmatrix}\begin{bmatrix} 1 & -1 \\ 0 & 1 \end{bmatrix} = \begin{bmatrix} -2 & 2+x \\ 3 & -2 \end{bmatrix}$$

Se **AB** é simétrica, temos:
2 + x = 3
x = 1
Resp: c)

24) Devemos multiplicar as matrizes A e B.

$$\begin{bmatrix} 1 & 2 \\ 3 & 4 \end{bmatrix}\begin{bmatrix} 1 & 3 \\ 2 & 4 \end{bmatrix} = \begin{bmatrix} 5 & 11 \\ 11 & 25 \end{bmatrix}$$, que é uma matriz simétrica.

Resp: a)

25) Resolvendo o determinante da matriz por um dos processos conhecidos encontramos 68.
Resp: b)

26) Vamos determinar a matriz AB.

$$AB = \begin{bmatrix} 1 & 2 \\ 3 & 4 \end{bmatrix} \begin{bmatrix} -1 & 3 \\ x & 2 \end{bmatrix} = \begin{bmatrix} -1 + 2x & 7 \\ -3 + 4x & 17 \end{bmatrix}$$

Det(AB) = 17(−1 + 2x) − 7(−3 + 4x) = 0
−17 + 34x + 21 − 28x = 0
6x = −4
x = −2/3
Resp: d)

27) Determinando o valor de xI, temos:

$xI = \begin{bmatrix} x & 0 \\ 0 & x \end{bmatrix}$. Calculando a matriz A − xI, vem:

$A - xI = \begin{bmatrix} 1 & 3 \\ 2 & 4 \end{bmatrix} - \begin{bmatrix} x & 0 \\ 0 & x \end{bmatrix} = \begin{bmatrix} 1-x & 3 \\ 2 & 4-x \end{bmatrix}$. Calculando o determinante, teremos:

(1 − x)(4 − x) − 6 = 0
x^2 − 5x − 2 = 0

$$S = -\frac{a}{b} = -\frac{-5}{1} = 5$$

Resp: a)

28) Analisando as alternativas concluímos que a única incorreta é a letra d.
Resp: d) det(−B) = −det(B)

29) A terceira linha é igual a soma da primeira linha com a segunda linha. Logo, o determinante é igual a zero.

2.3 Sistemas de duas equações lineares com duas incógnitas

30) b) R$ 10,00
31) a) 900
32) a) 5
33) d) 32
34) d) 21
35) b) R$ 1,06
36) c) 160
37) b) 44
38) a) R$ 120,00
39) e) 10
40) e) R$ 16,50
41) c) R$ 31,70
42) c) R$ 1.000,00
43) a) 186

COMENTÁRIO

A questão de número 79 não é simples, por isso foi dado o desenvolvimento para se chegar à resposta correta.

44) c) 12.673
45) a) $9 \leq n < 12$
46) c) 84
47) d) 12
48) c) R$ 1.500,00
49) b) R$ 12,30
50) e) depois da parada, o ônibus 1 ficou com 14 passageiros a mais.
51) e) $\begin{bmatrix} -1 & 3 \\ 6 & 5 \end{bmatrix}$
52) c) 900
53) c) 32
54) a) Empresa 1: avião 1; empresa 2: avião 3 e empresa 3: avião 2.
55) c) 5
56) a) 5
57) e) 144
58) e) nda
59) b) 1/4
60) d) – 1/3
61) c) 1/4
62) c) 5m + n = 3
63) d) 5
64) e) I, II e III
65) d) det(2A) = 32 det(A)
66) b) 0
67) b) –3
68) d) R$ 10,50
69) d) 15 reais
70) a) 13
71) d) 500
72) d) 1,05
73) c) 40
74) b) 6,50
75) b) 400 g
76) 8 dias
77) R$ 78,00
78) a) 0
79) c) 3

Solução: Sejam número infrações leves = número de infrações graves = x e infrações gravíssimas p, teremos:

$4x + 5x + 7p = 57$

$7p = 57 - 9x$

$p = (57-9x)/7$

Sabemos que x e p são inteiros positivos, daí:

x = 1, p = 48/7 (não serve)
x = 2, p = 39/7 (não serve)
x = 3, p = 30/7 (não serve)
x = 4, p = 21/7 = 3 (serve)
x = 5, p = 12/7 (não serve)

3 Resolução de sistemas

ANA LUCIA DE SOUSA

3 Resolução de sistemas

OBJETIVOS

- Resolver sistemas lineares através da eliminação de linhas.
- Resolver sistemas lineares através do método da matriz inversa.
- Resolver sistemas lineares através da regra de Cramer.
- Discutir as condições de existência de soluções dos sistemas lineares.

3.1 Introdução

Vamos começar o nosso estudo lembrando que já foi visto no capítulo 1 que podemos estabelecer um *link* entre os sistemas de equações lineares (ou simplesmente sistemas de equações) e o estudo das matrizes.

Exemplificando

1) Seja o seguinte sistema de linear com três variáveis (ou incógnitas) definido por:

$$\begin{cases} 2x + 5y - z = 0 \\ 4x - 3y + 6z = 1 \\ 7x + y - 2z = 8 \end{cases}$$

Vimos que é possível representar esse sistema na forma matricial do seguinte modo:

$$\begin{bmatrix} 2 & 5 & -1 \\ 4 & -3 & 6 \\ 7 & 1 & -2 \end{bmatrix} \begin{bmatrix} x \\ y \\ z \end{bmatrix} = \begin{bmatrix} 0 \\ 1 \\ 8 \end{bmatrix}$$

Também podemos representá-lo com uma notação simplificada:

$$A.X = B$$

Lembrando que:

A é a matriz formada pelos coeficientes das incógnitas das equações que compõem o sistema dado:

$$A = \begin{bmatrix} 2 & 5 & -1 \\ 4 & -3 & 6 \\ 7 & 1 & -2 \end{bmatrix}$$

X é a matriz formada pelas incógnitas:

$$X = \begin{bmatrix} x \\ y \\ z \end{bmatrix}$$

B é a matriz formada pelos termos independentes:

$$B = \begin{bmatrix} 0 \\ 1 \\ 8 \end{bmatrix}$$

Vamos acrescentar outra matriz chamada de matriz aumentada. Ela também é chamada de matriz completa.

$$\begin{bmatrix} 2 & 5 & -1 & 0 \\ 4 & -3 & 6 & 1 \\ 7 & 1 & -2 & 8 \end{bmatrix}$$

↳ termos independentes

Na matriz ampliada

- Cada linha é formada, ordenadamente, pelos coeficientes das incógnitas e pelos termos independentes de cada equação.

- Cada coluna (com exceção da última) contém, ordenadamente, os coeficientes relativos a uma mesma incógnita.

- A última coluna contém, na mesma ordem, os termos independentes das equações do sistema.

Com o sistema representado na forma matricial podemos resolvê-lo e encontrar o conjunto solução através de outras técnicas. Lembre-se que no capítulo 1 você aprendeu que é possível encontrar a solução de um sistema de equações através dos métodos da adição, substituição ou comparação. Agora vamos conhecer novas técnicas onde poderemos encontrar o conjunto solução do sistema de equações, classificá-lo e analisar as condições de existência de soluções, assim como a quantidade de soluções. Além disso, veremos que muitos problemas podem ser modelados na forma de sistemas de equações e desse modo encontraremos sua solução através das técnicas estudadas.

3.2 Resolução através da eliminação de linhas

Antes de iniciarmos o desenvolvimento do método de resolução através da eliminação de linhas, vamos fazer algumas considerações importantes sobre os sistemas de equações lineares.

Classificação de um sistema de equações

Um sistema de equações pode ser classificado quanto ao número e existência de soluções de acordo com o esquema abaixo:

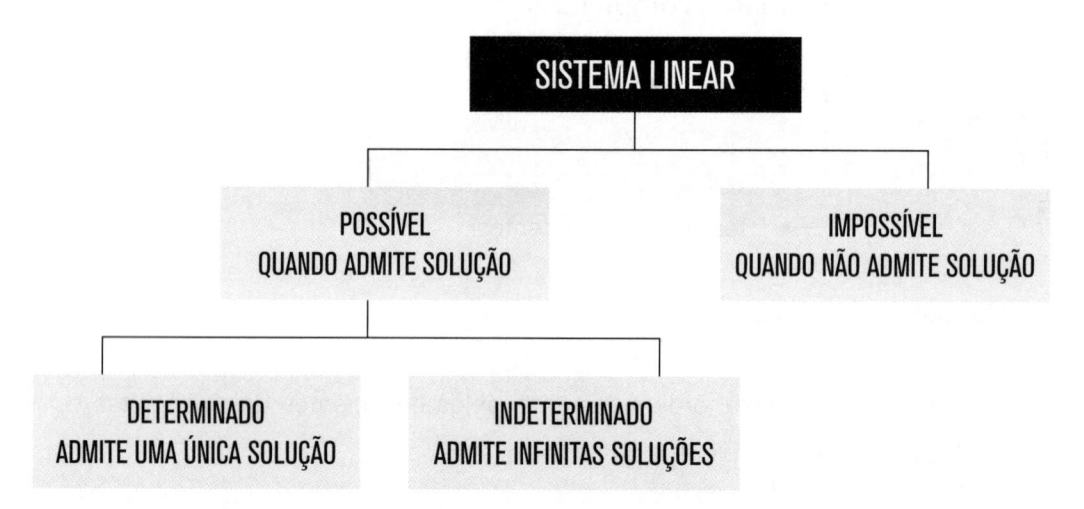

```
                    SISTEMA LINEAR
                   /              \
            POSSÍVEL            IMPOSSÍVEL
      QUANDO ADMITE SOLUÇÃO   QUANDO NÃO ADMITE SOLUÇÃO
         /         \
   DETERMINADO   INDETERMINADO
 ADMITE UMA ÚNICA  ADMITE INFINITAS
    SOLUÇÃO          SOLUÇÕES
```

Podemos resumir o esquema do seguinte modo:

- Sistema possível e determinado (SPD) → possui apenas uma solução possível

- Sistema possível e indeterminado (SPI) → possui infinitas soluções

- Sistema impossível (SI) → não possui solução

Exemplificando

1. Sistema possível e determinado (SPD)

$$\begin{cases} 2x + y = 5 \\ x - 3y = 6 \end{cases}$$

Resolvendo o sistema através dos métodos já conhecidos encontramos como resposta uma única solução: (3, –1)

Geometricamente: A solução do sistema é o ponto onde as retas se encontram.

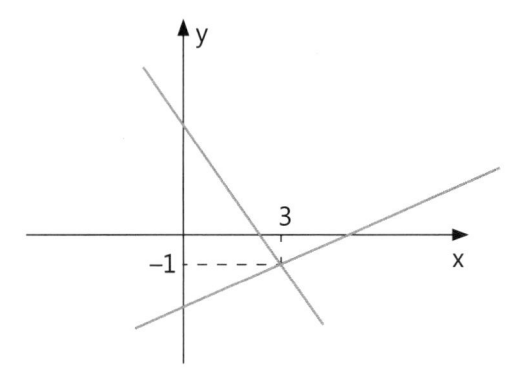

2. Sistema possível e indeterminado (SPI)

$$\begin{cases} 2x - y = 5 \\ 4x - 2y = 10 \end{cases}$$

Resolvendo o sistema através do método da substituição:
Podemos isolar o y na primeira equação → y = 2x – 5.

Agora vamos substituir y = 2x – 5 na segunda equação no lugar da variável y.

4x – 2(2x – 5) = 10 → 4x – 4x + 10 = 10 → 0x = 0

Note que se colocarmos qualquer número real no lugar de x torna a sentença verdadeira, o que nos leva a concluir que o sistema tem infinitas soluções. Cada solução é um par ordenado onde o primeiro elemento é qualquer número real e o segundo elemento é o dobro do primeiro, menos cinco. Veja:

(1, –3), (–3, –11), (0, –5), ...

Como estamos trabalhando com números reais, podemos escrever a solução do seguinte modo:

S = {(k, 2k – 5); k ∈ R}, para cada k temos uma solução. Logo temos infinitas soluções.

Geometricamente: As duas retas que formam este sistema são coincidentes. Logo qualquer ponto de uma das retas é solução deste sistema.

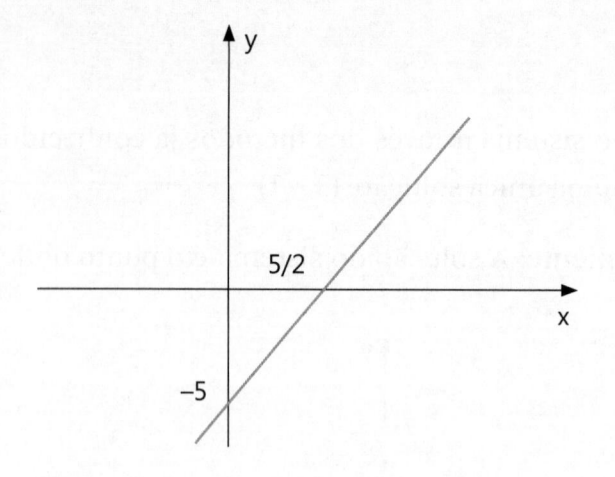

3. Sistema impossível (SPI)

$$\begin{cases} 3x - 2y = 1 \\ 6x - 4y = 7 \end{cases}$$

Resolvendo o sistema através dos métodos já conhecidos encontramos 0 = –5. Isto torna o sistema impossível, ou seja, ele não admite nenhuma solução.

Geometricamente: As retas são paralelas, ou seja, não possuem nenhum ponto em comum, e portanto este sistema não tem solução. Isto significa que não existe nenhum x ou y capaz de satisfazer o sistema.

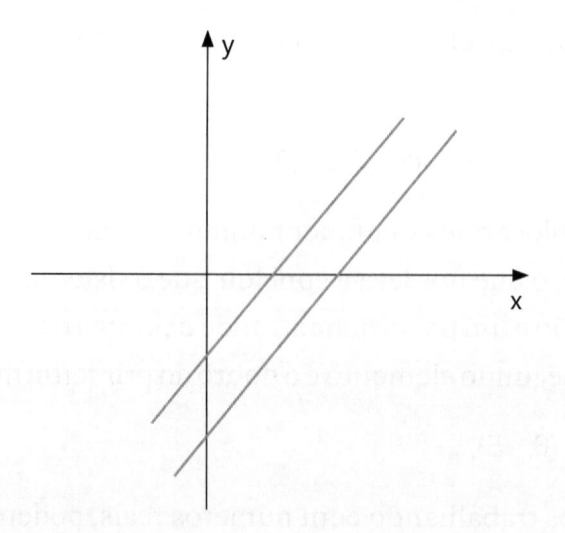

Sistemas lineares homogêneos

Um sistema linear é dito homogêneo quando o termo independente de todas as equações do sistema for nulo.

Exemplificando

1. $\begin{cases} 3x - 4y = 0 \\ -6x + 8y = 0 \end{cases}$

2. $\begin{cases} 3x - y - 7z = 0 \\ x - 2y + 3z = 0 \end{cases}$

3. $\begin{cases} x + y + 2z = 0 \\ x - y - 3z = 0 \\ x + 4y = 0 \end{cases}$

Solução de um sistema linear homogêneo

Um sistema linear homogêneo com n incógnitas (ou variáveis) admite (0, 0, 0, ..., 0) como solução. Tomando o exemplo 3, visto anteriormente, ele admite a solução (0, 0, 0). Essa solução é chamada de *solução trivial* ou *solução nula* ou *solução imprópria*, o que torna esse sistema possível. Um sistema linear homogêneo sempre é possível, pois possui pelo menos a solução não trivial. Agora se ele for indeterminado significa que admite outra solução onde as incógnitas não são todas nulas. Nesse caso, a solução é chamada de *não trivial* ou *própria*.

Sistemas lineares equivalentes

Dizemos que dois sistemas são equivalentes quando admitem o mesmo conjunto solução.

⭐ EXEMPLO

Resolvendo os sistemas abaixo através dos métodos estudados no capítulo 1 notamos que as soluções são as mesmas. Logo,
Os sistemas

$\begin{cases} x - 2y = -3 \\ 2x - y = 4 \end{cases}$ e $\begin{cases} 3x - 4y = -5 \\ x + 2y = 5 \end{cases}$

são equivalentes, pois possuem o mesmo conjunto solução S = {(1,2)}.

Agora estamos preparados para encontrar o conjunto solução de um sistema linear.

> **COMENTÁRIO**
>
> Sistema linear
>
> O método de eliminação de Gauss transforma um sistema linear qualquer em um sistema linear escalonado equivalente. Este método foi desenvolvido por Gauss e aperfeiçoado por Camile Jordan, matemático francês do século XX, que utiliza a matriz ampliada do sistema. O procedimento é baseado na ideia de reduzir a matriz ampliada de um sistema linear a uma outra matriz ampliada que seja suficientemente simples a ponto de permitir a visualização da solução.

Resolução de sistemas lineares por escalonamento ou método de eliminação gaussiana

Encontrar a solução de um ***sistema linear*** através do método do escalonamento envolve a eliminação de incógnitas. É um método que busca transformar o sistema dado em sistemas equivalentes (com a mesma solução), até chegar a um sistema escalonado. Em outras palavras, queremos migrar de um sistema para outro que seja equivalente ao primeiro, porém com uma resolução mais simples. Vamos entender melhor através de um exemplo.

Considere o sistema linear $\begin{cases} x + y + z = 0 \\ y - z = 5 \\ 2z = 8 \end{cases}$

Note que podemos resolver esse sistema através do método chamado substituições regressivas, ou seja:

1. Podemos determinar o valor da incógnita z na terceira equação.

$$2z = 8 \rightarrow z = 4$$

2. Substituir o valor de z na segunda equação e encontrar o valor da incógnita y.

$$y - z = 5 \rightarrow y - 4 = 5 \rightarrow y = 9$$

3. Por último vamos substituir y e z na primeira equação e obter o valor da incógnita x.

$$x + y + z = 0 \rightarrow x + 9 + 4 = 0 \rightarrow x = -9 - 4 \rightarrow x = -13$$

Encontramos facilmente o conjunto solução do sistema linear:

$$S = \{(-13, 9, 4)\}$$

Agora observe a **_matriz aumentada_** do sistema dado:

$$\begin{bmatrix} 1 & 1 & 1 & 0 \\ 0 & 1 & -1 & 5 \\ 0 & 0 & 2 & 8 \end{bmatrix}$$

> **OBSERVAÇÃO**
>
> Matriz aumentada
> - A matriz aumentada dada anteriormente está na forma escalonada reduzida por linhas. O procedimento que será apresentado é chamado de eliminação gaussiana.

> **ATENÇÃO**
>
> Note que a partir da segunda linha o número de zeros iniciais aumenta e quando isso ocorre podemos dizer que a matriz está escalonada. Assim, a matriz na forma escalonada pode se resolvida pelo método das substituições regressivas.

O processo para chegarmos a um sistema escalonado envolve algumas operações ou transformações elementares sobre as equações do sistema dado. Veja:

- Trocar (permutar) as posições de duas equações.

- Multiplicar uma das equações por um número real diferente de zero.

- Multiplicar uma equação por um número real diferente de zero e somar o resultado encontrado com a outra equação.

Veja que essas operações podem ser realizadas nas linhas da matriz aumentada, visto que as linhas horizontais da matriz aumentada correspondem às equações do sistema linear dado inicialmente. Então vamos compreender melhor esse processo através de um exemplo.

Exemplificando

Resolva o sistema linear por meio de escalonamento

$$\begin{cases} x + y + 2z = 9 \\ 2x + 4y - 3z = 1 \\ 3x + 6y - 5z = 0 \end{cases}$$

Para solucioná-lo, devemos inicialmente escrever este sistema linear na forma de sua matriz aumentada

$$\begin{bmatrix} 1 & 1 & 2 & 9 \\ 2 & 4 & -3 & 1 \\ 3 & 6 & -5 & 0 \end{bmatrix}$$

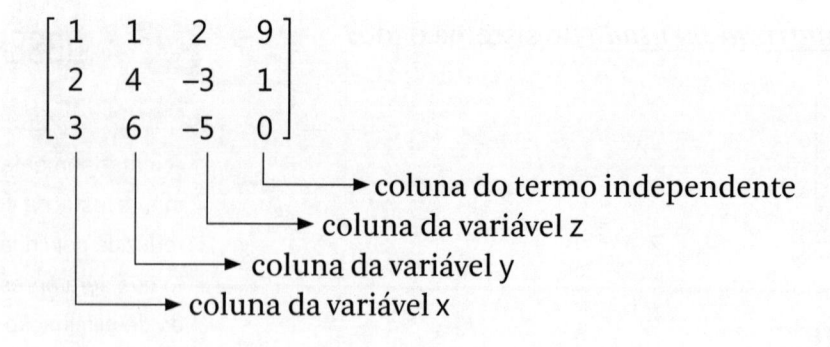

- coluna do termo independente
- coluna da variável z
- coluna da variável y
- coluna da variável x

Passo 1

Localize na primeira linha da matriz o primeiro elemento não nulo. Este elemento não nulo é chamado de pivô. Chamamos o número 1 de pivô.

$$\begin{bmatrix} \textcircled{1} & 1 & 2 & 9 \\ 2 & 4 & -3 & 1 \\ 3 & 6 & -5 & 0 \end{bmatrix}$$

OBSERVAÇÃO

Se na primeira linha o primeiro elemento for nulo, então localize uma outra linha que tenha o elemento não nulo e troque as linhas.

Passo 2

Agora você deverá anular os elementos que estão abaixo do pivô.

$$\begin{bmatrix} \textcircled{1} & 1 & 2 & 9 \\ 2 & 4 & -3 & 1 \\ 3 & 6 & -5 & 0 \end{bmatrix}$$

→ coluna do pivô

Devemos então anular o elemento 2 e o elemento 3 que estão localizados logo abaixo do pivô.

Vamos repetir a primeira linha onde o pivô está localizado.

Agora faça a seguinte pergunta:

- Qual é o número que devo multiplicar o pivô cujo resultado dessa multiplicação somado com o elemento 2 (segunda linha) tenha como resultado zero? Resposta: –2

Isso significa que começamos multiplicando a primeira linha (do pivô) por (–2) e adicionando o resultado à segunda linha onde está o elemento que desejamos eliminar.

$$\begin{bmatrix} ① & 1 & 2 & 9 \\ 2 & 4 & -3 & 1 \\ 3 & 6 & -5 & 0 \end{bmatrix}$$

Obtemos:

$$\begin{bmatrix} 1 & 1 & 2 & 9 \\ 0 & 2 & -7 & -17 \\ 3 & 6 & -5 & 0 \end{bmatrix}$$

Agora precisamos eliminar o elemento 3 (terceira linha). Vamos repetir o mesmo procedimento.

- Qual é o número que devo multiplicar o pivô cujo resultado somado com 3 tenha como resultado zero? Resposta: –3

Isso significa que vamos multiplicar a primeira linha (do pivô) por (–3) e adicionar o resultado à terceira linha onde está o elemento que desejamos eliminar.

$$\begin{bmatrix} ① & 1 & 2 & 9 \\ 0 & 2 & -7 & -17 \\ 3 & 6 & -5 & 0 \end{bmatrix}$$

Ficamos com seguinte sistema:

$$\begin{bmatrix} 1 & 1 & 2 & 9 \\ 0 & 2 & -7 & -17 \\ 0 & 3 & -11 & -27 \end{bmatrix}$$

Passo 3

Agora procure na segunda linha desta matriz o elemento pivô.

$$\begin{bmatrix} 1 & 1 & 2 & 9 \\ 0 & ② & -7 & -17 \\ 0 & 3 & -11 & -27 \end{bmatrix}$$

Observe que o pivô é 2. Para facilitar as contas vamos transformar este pivô em 1. Para isto, basta multiplicar a segunda linha por 1/2.

$$\begin{bmatrix} 1 & 1 & 2 & 9 \\ 0 & 1 & -\frac{7}{2} & -\frac{17}{2} \\ 0 & ③ & -11 & -27 \end{bmatrix}$$

Agora vamos anular o elemento 3 que está abaixo do pivô.

Agora faça a seguinte pergunta:

- Qual é o número que devo multiplicar o pivô cujo resultado dessa multiplicação somado com o elemento 3 (terceira linha) tenha como resultado zero? Resposta: –3

Isso significa que vamos multiplicar a segunda linha (do pivô) por (–3) e adicionar o resultado à terceira linha onde está o elemento que desejamos eliminar.

$$\begin{bmatrix} 1 & 1 & 2 & 9 \\ 0 & ① & -\frac{7}{2} & -\frac{17}{2} \\ 0 & 3 & -11 & -27 \end{bmatrix}$$

$$\begin{bmatrix} 1 & 1 & 2 & 9 \\ 0 & 1 & -\frac{7}{2} & -\frac{17}{2} \\ 0 & 0 & \frac{21}{2}-11 & \frac{51}{2}-27 \end{bmatrix}$$

$$\begin{bmatrix} 1 & 1 & 2 & 9 \\ 0 & 1 & -\frac{7}{2} & -\frac{17}{2} \\ 0 & 0 & -\frac{1}{2} & -\frac{3}{2} \end{bmatrix}$$

Agora temos uma matriz na forma escalonada. Para ficar mais fácil a visualização, vamos escrever essa matriz na forma de um sistema de equações.

$$\begin{cases} x + y + 2z = 9 \\ y - \frac{7}{2}z = -\frac{17}{2} \\ -\frac{1}{2}z = -\frac{3}{2} \end{cases}$$

Veja que agora ficou simples a resolução do sistema.

Na terceira linha podemos encontrar o valor da incógnita z.

$$-\frac{1}{2}z = -\frac{3}{2} \Rightarrow -z = -3 \Rightarrow z = 3$$

Na segunda linha podemos substituir o valor de z e assim obter o valor da incógnita y.

$$y - \frac{7}{2}z = -\frac{17}{2} \Rightarrow y - \frac{7}{2} \cdot (3) = -\frac{17}{2} \Rightarrow y - \frac{21}{2} = -\frac{17}{2} \Rightarrow 2y - 21 = -17 \Rightarrow 2y = 4 \Rightarrow y = 2$$

Por fim, vamos substituir os valores de z e de y na primeira equação e obter o valor da incógnita x.

$$x + 2 + 2(3) = 9 \Rightarrow x + 2 + 6 = 9 \Rightarrow x = 1$$

Portanto, esse sistema é possível e determinado (SPD). A solução do sistema linear é:

$$S = \{(1, 2, 3)\}$$

EXERCÍCIOS RESOLVIDOS

1) Resolva o sistema $\begin{cases} x + y + z = 12 \\ 3x - y + 2z = 14 \\ 2x - 2y + z = -3 \end{cases}$

Solução

Utilizando a matriz ampliada, temos:

elemento pivô

$$\begin{bmatrix} \boxed{1} & 1 & 1 & 12 \\ 3 & -1 & 2 & 14 \\ 2 & -2 & 1 & -3 \end{bmatrix}$$

Vamos zerar os elementos 3 e 2 que estão abaixo do pivô.

• Começamos multiplicando a primeira linha por (−3) e adicionando o resultado à segunda linha.

$$\begin{bmatrix} 1 & 1 & 1 & 12 \\ 3 & -1 & 2 & 14 \\ 2 & -2 & 1 & -3 \end{bmatrix}$$

Obtemos:

$$\begin{bmatrix} 1 & 1 & 1 & 12 \\ 0 & -4 & -1 & -22 \\ 2 & -2 & 1 & -3 \end{bmatrix}$$

• Agora vamos multiplicar a primeira linha por (−2) e adicionar o resultado à terceira linha.

OBSERVAÇÃO

Sistema

Esse tipo de sistema apresenta sempre infinitas soluções, sendo, então um sistema possível e indeterminado (SPI).

$$\begin{bmatrix} 1 & 1 & 1 & 12 \\ 0 & -4 & -1 & -22 \\ 0 & -4 & -1 & -27 \end{bmatrix}$$

Note que se multiplicarmos a segunda linha da matriz por (–1) e adicionarmos o resultado à terceira linha encontraremos o seguinte resultado:

$$\begin{bmatrix} 1 & 1 & 1 & 12 \\ 0 & -4 & -1 & -22 \\ 0 & 0 & 0 & -5 \end{bmatrix}$$

Observe que na terceira linha temos $0x + 0y + 0z = -5$. Logo, o sistema é impossível (SI).

Resposta: $S = \emptyset$

2) Resolva o *sistema* $\begin{cases} x + 2y - z = 4 \\ 3x - y + z = 5 \end{cases}$

Solução

Note que o número de incógnitas (três) é maior do que o número de equações (duas).

Utilizando a matriz ampliada, temos:

elemento pivô

$$\begin{bmatrix} \boxed{1} & 2 & -1 & 4 \\ 3 & -1 & 1 & 5 \end{bmatrix}$$

Vamos zerar o elemento 3 que está abaixo do pivô.

• Começamos multiplicando a primeira linha por (–3) e adicionando o resultado à segunda linha.
Obtemos:

$$\begin{bmatrix} 1 & 2 & -1 & 4 \\ 0 & -7 & 4 & -7 \end{bmatrix}$$

O sistema equivalente é: $\begin{cases} x + 2y - z = 4 \\ -7y + 4z = -7 \end{cases}$

Veja que o sistema é indeterminado. Podemos usar um parâmetro qualquer k, onde k está em R, para representar a incógnita z. Obtemos, assim, a seguinte solução geral:

Na segunda equação obtemos y: $-7y + 4z = -7 \Rightarrow y = \dfrac{4k + 7}{7}$

Na primeira equação obtemos x: $x + 2 \cdot \left(\dfrac{4k+7}{7}\right) - k = 4 \Rightarrow x = \dfrac{14-k}{7}$

Resposta: $S = \left\{ \left(\dfrac{14-k}{7}, \dfrac{4k+7}{7}, k\right) / k \in \mathbb{R} \right\}$

3) Classifique e resolva o sistema linear homogêneo.

$\begin{cases} 2x + 3y - z = 0 \\ x - 4y + z = 0 \\ 3x + y - 2z = 0 \end{cases}$

Solução

Utilizando a matriz ampliada, temos:

$\begin{bmatrix} ② & 3 & -1 & 0 \\ 1 & -4 & 1 & 0 \\ 3 & 1 & -2 & 0 \end{bmatrix}$

Note que o primeiro coeficiente da primeira linha é 2. Nesse caso, podemos trocar as posições das duas primeiras linhas, a fim de que o primeiro coeficiente seja igual a **1**.

elemento pivô

$\begin{bmatrix} ① & -4 & 1 & 0 \\ 2 & 3 & -1 & 0 \\ 3 & 1 & -2 & 0 \end{bmatrix}$

Vamos zerar os elementos 2 e 3 que estão abaixo do pivô.

• Começamos multiplicando a primeira linha por (–2) e adicionando o resultado à segunda linha, tem-se:

$\begin{bmatrix} 1 & -4 & 1 & 0 \\ 0 & 11 & -3 & 0 \\ 3 & 1 & -2 & 0 \end{bmatrix}$

• Agora vamos multiplicar a primeira linha por (–3) e adicionar o resultado à terceira linha. Obtemos:

$\begin{bmatrix} 1 & -4 & 1 & 0 \\ 0 & 11 & -3 & 0 \\ 0 & 13 & -5 & 0 \end{bmatrix}$

Agora procure na segunda linha desta matriz o elemento pivô.

$$\begin{bmatrix} 1 & -4 & 1 & 0 \\ 0 & \boxed{11} & -3 & 0 \\ 0 & 13 & -5 & 0 \end{bmatrix}$$

Observe que o pivô é **11**. Para facilitar as contas, vamos transformar este pivô em **1**. Para isto, basta multiplicar a segunda linha por 1/11.

$$\begin{bmatrix} 1 & -4 & 1 & 0 \\ 0 & \boxed{1} & -3/11 & 0 \\ 0 & 13 & -5 & 0 \end{bmatrix}$$

Agora vamos anular o elemento 13 que está abaixo do pivô.

• Vamos multiplicar a segunda linha por (−13) e adicionar o resultado à terceira linha. Obtemos:

$$\begin{bmatrix} 1 & -4 & 1 & 0 \\ 0 & 1 & -3/11 & 0 \\ 0 & 0 & -16/11 & 0 \end{bmatrix}$$

Agora a matriz aumentada está na forma escalonada.

O sistema que corresponde a essa matriz é

$$\begin{cases} x - 4y + z = 0 \\ y - \dfrac{3}{11} z = 0 \\ -\dfrac{16}{11} z = 0 \end{cases}$$

Agora podemos resolver facilmente esse sistema encontrando na terceira equação o valor da incógnita z = 0. Substituindo o valor de z na segunda equação encontramos o valor de y = 0, e por último substituindo y e z na primeira equação encontramos o valor da incógnita x = 0. Concluímos que o sistema é possível e determinado (SPD), pois admite solução trivial {(0,0,0)}.

EXERCÍCIOS DE FIXAÇÃO

1) Resolva o sistema linear abaixo.

$$\begin{cases} x + 4y + 3z = 1 \\ 2x + 5y + 4z = 4 \\ x - 3y - 2z = 5 \end{cases}$$

2) Resolva os sistemas lineares através do escalonamento.

a) $\begin{cases} x + 2y = 5 \\ 2x - 3y = -4 \end{cases}$

b) $\begin{cases} x + y - z = 0 \\ x + y + z = 0 \\ x - y - z = 0 \end{cases}$

c) $\begin{cases} 2x + y - 2z = -2 \\ y + z = 2 \\ 3x - 2z = -1 \end{cases}$

d) $\begin{cases} x + y + 2z = 2 \\ 2x + y + z = 3 \\ x - y + z = 0 \end{cases}$

3) Calcule **m** e **n**, de modo que os sistemas sejam equivalentes:

$\begin{cases} x - y = 1 \\ 2x - y = 5 \end{cases}$ e $\begin{cases} mx - ny = -1 \\ nx + my = 2 \end{cases}$

4) Resolva o sistema:

$\begin{cases} x + y + 2z = 1 \\ x + 2y + 3z = 2 \\ 2x - y + z = 2 \end{cases}$

5) Classifique e resolva os seguintes sistemas lineares.

a) $\begin{cases} x + 2y + 4z = 5 \\ 2x - y + 2z = 8 \\ 3x - 3y - z = 7 \end{cases}$

b) $\begin{cases} 4x - 3y + z = 3 \\ 3x + y + 4z = -1 \\ 5x - 2y - 3z = 2 \end{cases}$

c) $\begin{cases} 3x + y = 3 \\ 5x + 3y = 1 \\ x - 4y = 7 \end{cases}$

6) Classifique e resolva o sistema linear homogêneo.

$\begin{cases} x + 2y - z = 0 \\ 2x - y + 3z = 0 \\ 4x + 3y + z = 0 \end{cases}$

7) Seja o sistema $\begin{cases} x + my = m - 1 \\ 2x + 6y = m^2 - 1 \end{cases}$

a) Determine o valor de m para que o sistema seja homogêneo.
b) Utilizando o valor obtido no item a, resolva o sistema.

8) (UFPR) Certa transportadora possui depósitos nas cidades de Guarapuava, Maringá e Cascavel. Três motoristas dessa empresa, que transportavam encomendas apenas entre esses três depósitos, estavam conversando e fizeram as seguintes afirmações: 1º motorista: Ontem eu saí de Cascavel, entreguei parte da carga em Maringá e o restante em Guarapuava. Ao todo, percorri 568 km. 2º motorista: Eu saí de Maringá, entreguei parte da carga em Cascavel e depois fui para Guarapuava. Ao todo, percorri 522 km. 3º motorista: Semana passada eu saí de Maringá, descarreguei parte da carga em Guarapuava e o restante em Cascavel, percorrendo, ao todo, 550 km. Sabendo que os três motoristas cumpriram rigorosamente o percurso imposto pela transportadora, quantos quilômetros percorreria um motorista que saísse de Guarapuava, passasse por Maringá, depois por Cascavel e retornasse a Guarapuava?

a) 832 km   b) 820 km   c) 798 km   d) 812 km   e) 824 km

9) (PUC) Como está se aproximando o término do desconto do IPI para a linha branca dos eletrodomésticos, uma determinada loja de departamentos, para vender uma geladeira, uma máquina de lavar e uma secadora, propôs a seguinte oferta: a geladeira e a máquina de lavar custam juntas R$ 2.200,00; a máquina de lavar e a secadora, R$ 2.100,00; a geladeira e a secadora, R$ 2.500,00. Quanto pagará um cliente que comprar os três produtos anunciados?

a) R$ 3.400,00
b) R$ 2.266,00
c) R$ 6.800,00
d) R$ 3.200,00
e) R$ 4.800,00

10) (CEFET) Alice comprou dois tics, dois tacs e dois tocs pagando 10 reais. Berenice comprou um tic, dois tacs e dois tocs pagando 9 reais. Crenddice pagou 8 reais por um tic, três tacs e um toc. Para comprar um tic, um tac e três tocs, Dirce vai gastar, em reais:

a) 10   b) 9   c) 8   d) 7   e) 11

11) (ENADE 2014) Em uma loja de material escolar, as mercadorias caneta, lápis e borracha, de um único tipo cada um, são vendidas para três estudantes. O primeiro comprou uma caneta, três lápis e duas borrachas pagando R$ 10,00; o segundo adquiriu duas canetas, um lápis e uma borracha pagando R$ 9,00; o terceiro comprou três canetas, quatro lápis e três borrachas pagando R$ 19,00. Os estudantes, após as compras, sem verificarem os valores de cada mercadoria, procuraram resolver o problema: "A partir das compras efetuadas e dos respectivos valores totais pagos por eles, qual o preço da caneta, do lápis e da borracha?". Para isso, montaram um sistema de equações lineares cujas incógnitas são os preços das mercadorias.

Esse sistema de equações é:
a) possível determinado, sendo o preço da borracha mais caro que o do lápis;
b) impossível, pois saber os totais das compras não garante a existência de solução;
c) possível determinado, podendo admitir como solução o valor do preço da caneta, do lápis e da borracha;
d) possível indeterminado, de forma que a soma dos valores possíveis da caneta, do lápis e da borracha é igual a cinco vezes o preço do lápis subtraído de R$ 9,00;

e) possível indeterminado, de forma que a soma dos valores possíveis da caneta, do lápis e da borracha é igual a 1/5 da adição do preço da borracha com R$ 28,00.

12) (UFRJ) Uma loja de departamentos, para vender um televisor, um videocassete e um aparelho de som, propôs a seguinte oferta: o televisor e o videocassete custam juntos R$ 1.200,00; o videocassete e o aparelho de som custam juntos R$ 1.100,00; o televisor e o aparelho de som custam juntos R$ 1.500,00. Quanto pagará um cliente que comprar os três produtos anunciados?

3.3 Resolução através do método da matriz inversa

Já é do nosso conhecimento que um sistema de equações lineares pode ser apresentado na forma de uma equação matricial AX = B.

Agora vamos resolver um sistema linear através desse modelo e você verá que é simples. No capítulo 1 você aprendeu a calcular a matriz inversa A^{-1} de uma matriz A dada. Vamos precisar desse conhecimento para determinarmos o conjunto solução de um sistema linear. Como foi dito antes, o processo é simples, pois basta multiplicar a matriz inversa da matriz A dos coeficientes das incógnitas pela matriz B dos termos independentes, ou seja:

$$X = A^{-1}.B$$

A^{-1} é a inversa da matriz A dos coeficientes das incógnitas.
B é a matriz formada pelos termos independentes.
X é a matriz formada pelas incógnitas do sistema linear.

Exemplificando

Determine o conjunto solução do sistema linear $\begin{cases} x + 2y = 4 \\ 3x + 4y = 8 \end{cases}$

Considerando:

$A = \begin{bmatrix} 1 & 2 \\ 3 & 4 \end{bmatrix}$ a matriz dos coeficientes.

$B = \begin{bmatrix} 4 \\ -8 \end{bmatrix}$ a matriz dos termos independentes.

$X = \begin{bmatrix} x \\ y \end{bmatrix}$ a matriz formada pelas incógnitas do sistema.

Você já aprendeu a determinar a matriz inversa de uma matriz no capítulo 1. Agora precisamos desse conhecimento para determinarmos a matriz inversa A^{-1} da matriz A. A matriz inversa será:

$$A^{-1} = \begin{bmatrix} -2 & 1 \\ \dfrac{3}{2} & -\dfrac{1}{2} \end{bmatrix}$$

Agora, para determinarmos o conjunto solução do sistema linear dado, basta multiplicarmos a matriz inversa encontrada pela matriz B. Veja:

$$X = \begin{bmatrix} x \\ y \end{bmatrix} = \begin{bmatrix} -2 & 1 \\ \dfrac{3}{2} & -\dfrac{1}{2} \end{bmatrix} \begin{bmatrix} 4 \\ -8 \end{bmatrix} = \begin{bmatrix} -8 & -8 \\ 6 + 4 \end{bmatrix} = \begin{bmatrix} -16 \\ 10 \end{bmatrix}$$

Isto é: x = –16 e y = 10.
Resposta do sistema linear:

$$\{(-16, 10)\}$$

EXERCÍCIO RESOLVIDO

4) Encontre o conjunto solução do sistema linear através do método da matriz inversa.

$$\begin{cases} x + 2y - 2z = 0 \\ 2x + 5y - 4z = 3 \\ 3x + 7y - 5z = 7 \end{cases}$$

Solução
Vamos considerar:

$A = \begin{bmatrix} 1 & 2 & -2 \\ 2 & 5 & -4 \\ 3 & 7 & -5 \end{bmatrix}$ a matriz dos coeficientes.

$B = \begin{bmatrix} 0 \\ 3 \\ 7 \end{bmatrix}$ a matriz dos termos independentes.

$X = \begin{bmatrix} x \\ y \\ z \end{bmatrix}$ a matriz formada pelas incógnitas do sistema.

Você já aprendeu a determinar a matriz inversa de uma matriz no capítulo 1. Agora precisamos desse conhecimento para determinarmos a matriz inversa A^{-1} da matriz A. A matriz inversa será:

$$A^{-1} = \begin{bmatrix} 3 & -4 & 2 \\ -2 & 1 & 0 \\ -1 & -1 & 1 \end{bmatrix}$$

Agora, para determinarmos o conjunto solução do sistema linear dado, basta multiplicarmos a matriz inversa encontrada pela matriz B. Veja:

$$X = \begin{bmatrix} x \\ y \\ z \end{bmatrix} = \begin{bmatrix} 3 & -4 & 2 \\ -2 & 1 & 0 \\ -1 & -1 & 1 \end{bmatrix} \begin{bmatrix} 0 \\ 3 \\ 7 \end{bmatrix} = \begin{bmatrix} 2 \\ 3 \\ 4 \end{bmatrix}$$

Isto é: x = 2, y = 3 e z = 4
Solução do sistema linear: {(2, 3 ,4)}

EXERCÍCIOS DE FIXAÇÃO

13) Encontre o conjunto solução do sistema linear através do método da matriz inversa.

$$\begin{cases} x + 2y + z = 9 \\ 2x + y - z = 3 \\ 3x - y - 2z = -4 \end{cases}$$

14) Encontre o conjunto solução do sistema linear através do método da matriz inversa.

$$\begin{cases} x - y - 2z = 1 \\ -x + y + z = 2 \\ x - 2y + z = -2 \end{cases}$$

15) Encontre o conjunto solução do sistema linear através do método da matriz inversa.

$$\begin{cases} -x + y - 2z = 7 \\ 2x - y + 3z = -10 \\ x + y + z = -1 \end{cases}$$

OBSERVAÇÃO

Regra de Cramer

Gabriel Cramer (1704-1752), matemático e astrônomo suíço, desenvolveu esse método para resolver sistemas lineares onde o número de equações é igual ao número de incógnitas.

3.4 Regra de Cramer

Agora vamos aprender outro método para encontrarmos o conjunto solução de um sistema linear. Esse método é conhecido como **_regra de Cramer_**. Ele é baseado no cálculo de determinantes.

Para entender bem como aplicar a regra de Cramer, vamos considerar o sistema linear abaixo.

$$\begin{cases} x + 2y = 4 \\ 3x + 4y = -8 \end{cases}$$

Considerando:

$A = \begin{bmatrix} 1 & 2 \\ 3 & 4 \end{bmatrix}$ a matriz dos coeficientes.

$B = \begin{bmatrix} 4 \\ -8 \end{bmatrix}$ a matriz dos termos independentes.

Procedimento:

Passo 1

Vamos calcular o determinante da matriz A dos coeficientes do sistema linear dado.

$\det \begin{bmatrix} 1 & 2 \\ 3 & 4 \end{bmatrix} = 1.4 - 2.3 = 4 - 6 = -2 \neq 0 \Rightarrow D_A = -2$

! ATENÇÃO

Note que o determinante da matriz A, que denotaremos por $D_A = -2$, é diferente de zero. Isso é uma condição necessária para resolvermos o sistema através da regra de Cramer.

Passo 2

Cálculo das incógnitas do sistema linear apresentado. Nesse caso, vamos determinar o valor de x e y.

- Para calcularmos os valores de cada incógnita x deveremos substituir a matriz B (termos independentes) na coluna da matriz relativa a incógnita x.

Veja:

$$A = \begin{bmatrix} \overset{x}{1} & \overset{y}{2} \\ 3 & 4 \end{bmatrix}$$

vamos substituir $B = \begin{bmatrix} 4 \\ -8 \end{bmatrix}$ na coluna da incógnita x

Obtemos a matriz $\begin{bmatrix} 4 & 2 \\ -8 & 4 \end{bmatrix}$. Agora vamos calcular o determinante dessa matriz que denotaremos por D_x.

$$\det \begin{bmatrix} 4 & 2 \\ -8 & 4 \end{bmatrix} = 4 \cdot 4 - 2(-8) = 16 + 16 = 32 \neq 0 \Rightarrow D_x = 32$$

Pela regra de Cramer, a incógnita x será determinada fazendo: $x = \dfrac{D_x}{D_A}$

$$x = \frac{32}{(-2)} = -\frac{32}{2} = -16$$

- Para calcularmos o valor de cada incógnita y deveremos substituir a matriz B (termos independentes) na coluna da matriz relativa a incógnita y.

Veja:

$$A = \begin{bmatrix} \overset{x}{1} & \overset{y}{2} \\ 3 & 4 \end{bmatrix}$$

vamos substituir $B = \begin{bmatrix} 4 \\ -8 \end{bmatrix}$ na coluna da incógnita y

Obtemos a matriz $\begin{bmatrix} 1 & 4 \\ 3 & -8 \end{bmatrix}$. Agora vamos calcular o determinante dessa matriz que denotaremos por D_y.

$\begin{bmatrix} 1 & 4 \\ 3 & -8 \end{bmatrix} = -8.1 - 4.3 = -8 - 12 = -20 \neq 0 \Rightarrow D_y = -20$

Pela regra de Cramer, a incógnita y será determinada fazendo: $y = \dfrac{D_y}{D_A}$

$$y = \dfrac{-20}{(-2)} = -\dfrac{20}{2} = 10$$

Portanto, a solução do sistema linear através da regra de Cramer é:

$$\{(-16, 10)\}.$$

RESUMO

- O determinante da matriz **A** dos coeficientes das incógnitas deve ser diferente de zero, isto é, $D_A \neq 0$. Nesse caso já sabemos que o sistema é possível e determinado. Se o determinante for igual a zero, então o sistema linear dado é (SI) ou (SPI).

- Com relação ao sistema linear homogêneo, vimos que ele sempre admite uma solução trivial ou solução nula. Então podemos concluir em relação a esse sistema que se o determinante for diferente de zero o sistema linear homogêneo será possível e determinado, e no caso do determinante ser igual a zero o sistema é possível e indeterminado

- A solução do sistema linear formado por duas equações e duas incógnitas será dada por:

$$S = \left\{ \left(\dfrac{D_x}{D_A}, \dfrac{D_y}{D_A} \right) \right\}$$

- A solução do sistema linear formado por três equações e três incógnitas será dada por:

$$S = \left\{ \left(\dfrac{D_x}{D_A}, \dfrac{D_y}{D_A}, \dfrac{D_z}{D_A} \right) \right\}$$

- Os resultados D_x, D_y, D_z, ... podem ser generalizados para um sistema com **n** equações e **n** incógnitas.

EXERCÍCIO RESOLVIDO

5) Encontre o conjunto solução do sistema linear através da regra de Cramer.

$$\begin{cases} x + y = 107 \\ y + z = 74 \\ x + z = 91 \end{cases}$$

Solução

Vamos considerar:

$$A = \begin{bmatrix} 1 & 1 & 0 \\ 0 & 1 & 1 \\ 1 & 0 & 1 \end{bmatrix}$$ a matriz dos coeficientes.

$$B = \begin{bmatrix} 107 \\ 74 \\ 91 \end{bmatrix}$$ a matriz dos termos independentes.

Cálculo do determinante D_A

No capítulo 2 foi apresentado o processo para se determinar o determinante de uma matriz de ordem 3. Assim, temos o seguinte resultado:

$$D_A = \begin{vmatrix} 1 & 1 & 0 \\ 0 & 1 & 1 \\ 1 & 0 & 1 \end{vmatrix} \Rightarrow D_A = 2$$

Cálculo do determinante D_X

$$\begin{matrix} & x & y & z \\ A = & \begin{vmatrix} 1 & 1 & 0 \\ 0 & 1 & 1 \\ 1 & 0 & 1 \end{vmatrix} \end{matrix}$$

substituir a coluna da incógnita **x** pela matriz **B**

$$B = \begin{bmatrix} 107 \\ 74 \\ 91 \end{bmatrix}$$

Obtemos:

$$\begin{vmatrix} 107 & 1 & 0 \\ 74 & 1 & 1 \\ 91 & 0 & 1 \end{vmatrix}$$

Calculando o determinante dessa matriz encontramos: $D_x = \begin{vmatrix} 107 & 1 & 0 \\ 74 & 1 & 1 \\ 91 & 0 & 1 \end{vmatrix} \Rightarrow D_x = 124$

Cálculo do determinante D_y

$$A = \begin{matrix} x & y & x \\ \begin{vmatrix} 1 & 1 & 0 \\ 0 & 1 & 1 \\ 1 & 0 & 1 \end{vmatrix} \end{matrix}$$

substituir a coluna da incógnita y pela matriz B

$$B = \begin{bmatrix} 107 \\ 74 \\ 91 \end{bmatrix}$$

Obtemos:

$$\begin{bmatrix} 1 & 107 & 0 \\ 0 & 74 & 1 \\ 1 & 91 & 1 \end{bmatrix}$$

Calculando o determinante dessa matriz encontramos: $D_y = \begin{vmatrix} 1 & 107 & 0 \\ 0 & 74 & 1 \\ 1 & 91 & 1 \end{vmatrix} \Rightarrow D_y = 90$

Cálculo do determinante D_z

$$A = \begin{matrix} x & y & z \\ \begin{vmatrix} 1 & 1 & 0 \\ 0 & 1 & 1 \\ 1 & 0 & 1 \end{vmatrix} \end{matrix}$$

substituir a coluna da incógnita z pela matriz B

$$B = \begin{bmatrix} 107 \\ 74 \\ 91 \end{bmatrix}$$

Obtemos:

$$\begin{bmatrix} 1 & 1 & 107 \\ 0 & 1 & 74 \\ 1 & 0 & 91 \end{bmatrix}$$

Calculando o determinante dessa matriz encontramos: $D_z = \begin{vmatrix} 1 & 1 & 107 \\ 0 & 1 & 74 \\ 1 & 0 & 91 \end{vmatrix} \Rightarrow D_z = 58$

Cálculo das incógnitas x, y e z.

$x = \dfrac{D_x}{D_A} = \dfrac{124}{2} = 62$

$y = \dfrac{D_y}{D_A} = \dfrac{90}{2} = 45$

$z = \dfrac{D_z}{D_A} = \dfrac{58}{2} = 29$

S = {(62, 45, 29)}

EXERCÍCIOS DE FIXAÇÃO

16) Encontre o conjunto solução do sistema linear através da regra de Cramer.

$\begin{cases} x + 2y - z = -5 \\ -x - 2y - 3z = -3 \\ 4x - y - z = 4 \end{cases}$

17) Encontre o conjunto solução de cada sistema linear abaixo através da regra de Cramer.

a) $\begin{cases} 3x - y + z = 1 \\ 2x + 3z = -1 \\ 4x + y - 2z = 7 \end{cases}$

b) $\begin{cases} x - y + z = -5 \\ x + 2y + 4z = 4 \\ 3x + y - 2z = -3 \end{cases}$

c) $\begin{cases} x + y - z = 0 \\ x - y - 2z = 1 \\ x + 2y + z = 4 \end{cases}$

18) (COVEST-PE) Um nutricionista pretende misturar três tipos de alimentos (**A, B e C**) de forma que a mistura resultante contenha **3.600** unidades de vitaminas, **2.500** unidades de minerais e **2.700** unidades de gorduras. As unidades por gramas de vitaminas, minerais e gorduras dos alimentos constam da tabela a seguir:

	VITAMINAS	MINERAIS	GORDURA
A	40	100	120
B	80	50	30
C	120	50	60

Quantos gramas do alimento C devem compor a mistura?

19) Uma empresa que presta serviços de engenharia tem três tipos de contentores I, II e III, que carregam cargas, em três tipos de recipientes A, B e C. O número de recipientes por contentor é dado pelo quadro:

	RECIPIENTE A	RECIPIENTE B	RECIPIENTE C
I	4	3	4
II	4	2	3
III	2	2	2

Quantos contentores de cada tipo I, II e III são necessários se a empresa necessita transportar 38 recipientes do tipo A, 24 do tipo B e 32 do tipo C?

20) Uma empresa de café vende três tipos de grãos. Um pacote simples contém 300 gramas de café colombiano e 200 gramas de café tostado tipo francês. Um pacote especial contém 200 gramas de café colombiano, 200 gramas de café queniano e 100 gramas de café tostado tipo francês. Um pacote com mistura gourmet contém 100 gramas de café colombiano, 200 gramas de café queniano e 200 gramas de café tostado tipo francês. A empresa tem 30 quilos de café colombiano, 15 de café queniano e 25 de café tipo francês. Se ela deseja utilizar todos os grãos de café, quantos pacotes de cada tipo deve preparar.

21) Uma florista vende três tamanhos de arranjos de flores com rosas, tulipas e lírios. Cada arranjo pequeno contém uma rosa, três tulipas e três lírios. Cada arranjo médio contém duas rosas, quatro tulipas e seis lírios. Cada arranjo grande contém quatro rosas, oito tulipas e seis lírios. Um dia, a florista notou que havia usado um total de 24 rosas, 50 tulipas e 48 lírios ao preparar as encomendas desses três tipos de arranjos. Quanto arranjos de cada tipo fez a florista?

22) (UNICAMP 2001) Uma empresa deve enlatar uma mistura de amendoim, castanha de caju e castanha-do-pará. Sabe-se que o quilo de amendoim custa R$ 5,00, o quilo da casta-

nha de caju, R$ 20,00 e o quilo de castanha-do-pará, R$ 16,00. Cada lata deve conter meio quilo da mistura e o custo total dos ingredientes de cada lata deve ser de R$ 5,75. Além disso, a quantidade de castanha de caju em cada lata deve ser igual a um terço da soma das outras duas.

a) Escreva o sistema linear que representa a situação descrita acima.

b) Resolva o referido sistema, determinando as quantidades, em gramas, de cada ingrediente por lata.

3.5 Discussão de um sistema

No início do nosso estudo sobre os sistemas lineares, vimos que eles podem ser classificados quanto ao número e existência de soluções por:

- Sistema possível e determinado (SPD) → possui apenas uma solução possível

- Sistema possível e indeterminado (SPI) → possui infinitas soluções

- Sistema impossível (SI) → não possui solução

Agora vamos analisar ou discutir o sistema linear, ou seja, vamos analisá-lo em função de um ou mais parâmetros dados nas equações do sistema, as condições necessárias para ele ser possível e determinado, possível e indeterminado ou impossível. Analisaremos o sistema através do cálculo do determinante da matriz formada pelos coeficientes do sistema dado.

Nesse caso, vale lembrar que:

- Se o determinante dessa matriz for diferente de zero, então o sistema é possível e determinado (SPD).

- Se o determinante dessa matriz for igual a zero, então o sistema pode ser impossível (SI) ou possível e indeterminado (SPI).

Exemplificando

1) Vamos discutir o sistema $\begin{cases} 3x + ky = 2 \\ x - y = 1 \end{cases}$ segundo os valores do parâmetro k.

A matriz dos coeficientes desse sistema será dada por: $\begin{bmatrix} 3 & k \\ 1 & -1 \end{bmatrix}$ Calculando o determinante dessa matriz encontramos:

$$D = \begin{vmatrix} 3 & k \\ 1 & -1 \end{vmatrix} = -3 - k$$

- Se $-3 - k \neq 0$, então $k \neq -3$. Isso significa que essa é a condição necessária para que o sistema seja possível e determinado (SPD).

- Se $-3 - k = 0$, então $k = -3$. Isso significa que o sistema pode ser impossível (SI) ou possível e indeterminado (SPI).

Vamos verificar substituindo o valor de k no sistema e resolvendo o mesmo através dos métodos já estudados.

$\begin{cases} 3x - 3y = 2 \\ x - y = 1 \end{cases} \Rightarrow$ usando o método da adição

$\begin{cases} 3x - 3y = 2 \\ x - y = 1 \quad \rightarrow \times (-3) \end{cases}$

$\begin{cases} 3x - 3y = 2 \\ -3x + 3y = -3 \end{cases}$
$\overline{0 = -1}$

Veja que o sistema é impossível.

De acordo com essa análise, fica claro que não existe valor para o parâmetro k que torna o sistema possível e indeterminado (SPI).

Resumo da discussão:

$k \neq -3 \rightarrow$ SPD
$k = -3 \rightarrow$ SI

2) Determine o valor de m de modo que o sistema linear dado admita solução única.

$$\begin{cases} mx + 2y - z = 0 \\ x - 3y + z = 0 \\ x + 2z = 2 \end{cases}$$

Para que o sistema linear dado admita solução única, o determinante da matriz formada por seus coeficientes deve ser diferente de zero. Vamos calcular o determinante.

$$D = \begin{vmatrix} m & 2 & -1 \\ 1 & -3 & 1 \\ 1 & 0 & 2 \end{vmatrix} = -6m - 5 \neq 0 \Rightarrow -6m - 5 \neq 0 \Rightarrow -6m \neq 5 \Rightarrow m \neq -\frac{5}{6}$$

Veja que para o sistema admitir uma única solução a condição é que o parâmetro $m \neq -\frac{5}{6}$.

EXERCÍCIOS RESOLVIDOS

6) Analise o sistema linear abaixo em função do parâmetro **a**.

$$\begin{cases} x + y = 3 \\ -x + 3y = 1 \\ x + az = 8 \end{cases}$$

Solução

Aqui usaremos a matriz ampliada do sistema dado.

$$\begin{bmatrix} 1 & 1 & 3 \\ -1 & 3 & 1 \\ 1 & a & 8 \end{bmatrix}$$

Escalonando essa matriz obtemos: $\begin{bmatrix} 1 & 1 & 3 \\ 0 & 1 & 1 \\ 0 & 0 & 6-a \end{bmatrix}$

- Se $6 - a \neq 0$, então $a \neq 6$. Isso significa que o sistema é impossível (SI).
- Se $6 - a = 0$, então $a = 6$. Temos, então, um sistema possível e determinado (SPD).

$$\begin{bmatrix} 1 & 1 & 3 \\ 0 & 1 & 1 \\ 0 & 0 & 0 \end{bmatrix}$$

Logo, o sistema é possível e determinado (SPD).

Resumo da discussão:

$a \neq 6 \rightarrow$ SI
$a = 6 \rightarrow$ SPD

7) Determine o valor de **m** para que o sistema linear homogêneo abaixo tenha somente a solução trivial.

$$\begin{cases} -x + y - z = 0 \\ x - y + mz = 0 \\ x + y - z = 0 \end{cases}$$

Solução

Com relação a um sistema linear homogêneo, basta analisarmos o determinante da matriz formada pelos coeficientes das incógnitas, ou seja:

$D \neq 0 \to$ SPD
$D = 0 \to$ SPI

- Para o sistema ter apenas a solução trivial, é necessário que o determinante da matriz dos coeficientes seja diferente de zero (**D ≠ 0**).

Cálculo do determinante:

$$D = \begin{vmatrix} -1 & 1 & -1 \\ 1 & -1 & m \\ 1 & 1 & -1 \end{vmatrix} \Rightarrow D = 2m - 2 \Rightarrow 2m - 2 \neq 0 \Rightarrow m \neq 1$$

Concluímos que, para o sistema ter somente a solução trivial **m ≠ 1**, m é um número real.

EXERCÍCIOS DE FIXAÇÃO

23) (UFPE) O sistema linear a seguir admite pelo menos duas soluções (distintas). Indique o valor de **m**.

$$\begin{cases} -5x - 4y + mz = -9 \\ x + 2y - 3z = 5 \\ -x + y - 2z = 3 \end{cases}$$

24) (UFAM) Determine o valor de k que torna o sistema dado possível e determinado (SPD).

$$\begin{cases} 2x + 3y - z = 1 \\ x + y + kz = 2 \\ 3x + 4y + 2z = k \end{cases}$$

25) (UFSC) Determine o valor de **a** para que o sistema seja impossível:

$$\begin{cases} x + 3y + 4z = 1 \\ x + y + az = 2 \\ x + y + 2z = 3 \end{cases}$$

26) Determine o valor de **m** para que o sistema linear admita somente a solução nula.

$$\begin{cases} x - my + 2z = 0 \\ my + z = 0 \\ -mx + y - 2z = 0 \end{cases}$$

27) Determine o valor de **k** para que o sistema linear admita uma infinidade de soluções.

$$\begin{cases} x + y - z = 0 \\ kx + 2y - 3z = 0 \\ 4x + y = 0 \end{cases}$$

28) Discuta o sistema linear abaixo segundo os valores de **k**.

$$\begin{cases} kx + y = 2 \\ x - y = k \\ x + y = 2 \end{cases}$$

29) Discuta o sistema linear abaixo segundo os valores de **k**.

$$\begin{cases} kx + y = -2 \\ -2x + y - z = k \\ 4x + y + kz = -5 \end{cases}$$

30) Discuta o sistema linear abaixo segundo os valores de **k**.

$$\begin{cases} x + 2y = kx \\ ky - 2x = y \end{cases}$$

REFERÊNCIAS BIBLIOGRÁFICAS

BOLDRINI, J.L., COSTA, Sueli I. R., FIGUEIREDO, Vera Lucia, WETZLER, Henry G. *Álgebra linear*. 3. ed. São Paulo: Ed. Harbra, 1989.

CARLEN, Eric A.; CARVALHO, Maria C., *Álgebra linear*. Rio de Janeiro: LTC, 2006.

LAY, David C. *Álgebra linear e suas aplicações*. 2. ed. Rio de Janeiro: LTC; 1999.

LIPSCHUTZ, Seymour. *Álgebra linear: teoria e problemas*. 3. ed. rev. ampl. São Paulo: Makron, 1994.

POOLE, D. *Álgebra linear*. Rio de Janeiro: Pioneira Thompson, 2004.

STEINBRUCH, A. e WINTERLE, P. *Álgebra linear*. São Paulo: Makron Books, 1987.

IMAGENS DO CAPÍTULO

Desenhos, gráficos e tabelas cedidos pelo autor do capítulo.

GABARITO

3.2 Resolução através da eliminação de linhas

1) {(3, −2, 2)}
2) a) {(1, 2)};   b) {(0, 0, 0)}   c) {(1, 0, 2)};   d) {(1, 1, 0)}
3) m = 0 e n = 1
4) S = ∅
5) a) {(1, −2, 2)} (SPD); b) {(k, k − 1, −k)/k ∈ R} (SPI); c) S = ∅ (SI)
6) (SPI) {(−k, k, k)/k ∈ R}
7) a) m = 1
   b) {(0, 0)}
8) b) 820 km
9) a) R$ 3.400,00
10) a) 10
11) e) possível indeterminado, de forma que a soma dos valores possíveis da caneta, do lápis e da borracha é igual a **1/5** da adição do preço da borracha com **R$ 28,00**.
12) R$ 1.900,00

3.3 Resolução através do método da matriz inversa

13) {(1, 3, 2)}
14) {(−11, −6, −3)}
15) {(−1, 2, −2)}

3.4 Regra de Cramer

16) {(1, −2, 2)}
17) a) {(1, 1, −1)}
    b) {(−2, 3, 0)}
    c) {(5, −2, 3)}
18) 20 g
19) tipo I: 2, tipo II: 6 e tipo III: 3
20) pacote simples: 65; pacote especial: 30; mistura gourmet: 45.
21) pequenos: 2; médios: 3; grandes: 4.
22) a) $x + y + z = 0{,}5$
       $x - 3y + z = 0$
       $5x + 20y + 16z = 5{,}75$
    b) 250 gramas de amendoim, 125 gramas de castanha de caju e 125 gramas de castanha-do-pará.

3.5 Discussão de um sistema
23) m = 13
24) k = 3
25) a = 2
26) m ≠ −1/3 e m ≠ 1
27) k = −1
28) k = 1 (SPD), k = −2 (SPD), k ≠ 1 e k ≠ −2 (SI)
29) k ≠ 1 e k ≠ −4 (SPD), k = 1 (SPI) , k = −4 (SI)
30) k ≠ −1 e k ≠ 3 (SPD), k = −1 (SPI), k = 3 (SPI)

4 Espaços vetoriais e subespaços vetoriais

ANA LUCIA DE SOUSA

4 Espaços vetoriais e subespaços vetoriais

OBJETIVOS

- Definir espaços vetoriais.
- Identificar as propriedades dos espaços vetoriais.
- Definir subespaços vetoriais.
- Identificar os subespaços vetoriais.
- Definir combinação linear.
- Definir subespaço gerado por um conjunto de vetores.
- Determinar o subespaço gerado por um conjunto de vetores.
- Definir dependência e independência linear.
- Identificar quando um conjunto é linearmente independente (LI) ou linearmente dependente (LD).
- Analisar alguns exemplos.
- Definir base e dimensão de um subespaço vetorial.
- Definir posto e nulidade.

4.1 Introdução

Agora vamos estudar conjuntos onde é possível realizar operações com seus elementos e garantir que os resultados dessas operações estejam dentro do conjunto. Vamos considerar as operações de adição e multiplicação usuais. Veremos que os conjuntos munidos dessas operações e com propriedades bem definidas são chamados de espaços vetoriais. Após esse estudo, estudaremos os subconjuntos desses espaços vetoriais e veremos que, se tiverem a mesma estrutura dos espaços vetoriais, eles são chamados de subespaços vetoriais. Como consequência desse estudo, definiremos em seguida subespaços gerados por um conjunto de vetores, dependência linear, base e dimensão e, por último, posto e nulidade. É importante estudarmos esses assuntos, pois eles servem de ferramentas para vários estudos futuros e têm aplicações diretas com várias áreas de conhecimento.

4.2 Espaço vetorial

Começamos nosso estudo definindo os espaços vetoriais.

DEFINIÇÃO

Dizemos que um conjunto V não vazio é um espaço vetorial sobre R quando, e somente quando, **existe** uma adição e uma multiplicação em V com as propriedades abaixo mencionadas.

Propriedades da adição

Para quaisquer elementos u, v e w do espaço vetorial V e escalares $\alpha, \beta \in \Re$, temos:

a) Propriedade comutativa
u + v = v + u

b) Propriedade associativa
(u + v) + w = u + (v + w)

c) Existência do elemento neutro para a adição
Existe um elemento que chamaremos de 0 tal que: u + 0 = u

d) Existência do elemento simétrico ou oposto
Existe um elemento que pertence a V, que chamaremos de (−u), tal que u + (−u) = 0.

Propriedades da multiplicação

Para quaisquer elementos u e v do espaço vetorial V e escalares $\alpha, \beta \in \Re$, temos:

a) $\alpha(\beta u) = (\alpha\beta)u$
b) $(\alpha + \beta)u = \alpha u + \beta u$
c) $\alpha(u + v) = \alpha u + \alpha v$
d) $1.u = u.1 = u$

OBSERVAÇÃO

O nome "vetor" é aplicado aos elementos do conjunto V por conveniência, porém vale ressaltar que eles podem ser matrizes, polinômios etc.

Exemplos de espaços vetoriais

Você verá que em cada exemplo devemos especificar o conjunto vetorial V, as operações de adição e multiplicação por escalar e verificar as propriedades vistas anteriormente. Um espaço vetorial é definido a partir do momento que verificamos a existência das propriedades apresentadas na página 99.

a) O conjunto dos números reais ($\Re$) é um espaço vetorial com as operações usuais de adição e multiplicação por escalar.

b) Os conjuntos $\Re^2$, $\Re^3$, $\Re^4$, ..., $\Re^n$ são espaços vetoriais com as operações usuais de adição e multiplicação por escalar.

c) O conjunto das matrizes $M_{mxn}(\Re)$

No conjunto $M_{mxn}(\Re)$ está definida uma adição de matrizes. Esta adição é associativa, comutativa, admite elemento neutro (matriz nula) e toda matriz tem uma oposta. Podemos também multiplicar uma matriz por um número real.

- O conjunto dos polinômios com coeficientes reais com grau menor ou igual a n, $P_n(\Re)$ são espaços vetoriais com as operações usuais de adição e multiplicação por escalar.

Por exemplo, podemos considerar P_2 o conjunto de todos os polinômios de grau 2 ou menos formado com coeficientes reais.

$p(x) = a_0 + a_1 x + a_2 x^2$, onde a_0, a_1, a_2 são coeficientes reais. Neste caso podemos considerar, por exemplo, o polinômio $p(x) = 2x^2 + 3x - 1$.

Subespaços vetoriais

Agora vamos analisar se um determinado subconjunto não vazio de um espaço vetorial V é um subespaço vetorial dele. Note que neste caso o subconjunto deve ter a mesma estrutura do espaço vetorial, ou seja, as propriedades vistas anteriormente para os espaços vetoriais devem ser verificadas. Isso nos leva a concluir que nem todo subconjunto de um espaço vetorial V é um subespaço vetorial dele.

Considere o esquema abaixo:

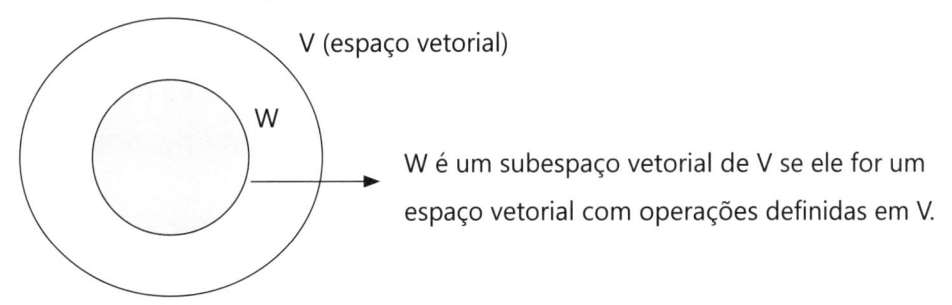

V (espaço vetorial)

W

W é um subespaço vetorial de V se ele for um espaço vetorial com operações definidas em V.

Agora podemos fazer a seguinte pergunta:

Como faço para reconhecer que W é um subespaço vetorial de V?

Veja que é simples, pois não será necessário verificarmos as propriedades estudadas anteriormente. Basta verificarmos se as operações definidas em V estão definidas em W, ou seja, pegando dois elementos de W devemos garantir que a adição desses elementos é um elemento de W.

- Para todo w_1 e w_2 em W, temos que a soma de w_1 por w_2 é um elemento do subconjunto W, ou seja $w_1 + w_2$ está em W.

O mesmo ocorre com a multiplicação de um elemento de W com um escalar. Devemos garantir que o produto é um elemento de W.

- Para todo w_1 em W e λ um escalar real, temos que o produto desse escalar por w_1 é um elemento do subconjunto W, ou seja λw_1 está em W.

- E por último devemos garantir que o elemento 0 (nulo) está em W.

Considerando o esquema abaixo, temos:

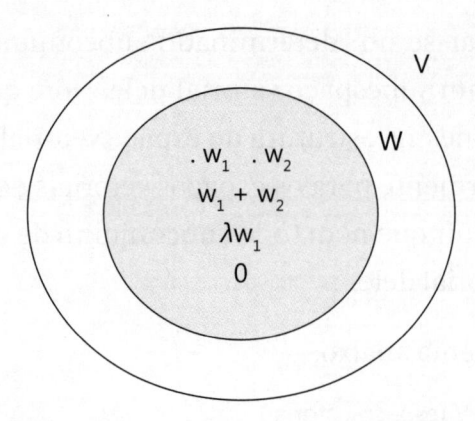

Agora podemos apresentar a definição com as condições que devem ser satisfeitas para que W seja um subespaço vetorial de V.

DEFINIÇÃO

Seja V um espaço vetorial sobre $\Re$. Um subconjunto W não vazio de V é um subespaço vetorial de V se forem satisfeitas as três condições abaixo:

a) $0 \in W$

b) Dados w_1 e w_2 em W, a soma $w_1 + w_2 \in W$

c) Dados w_1 em W e $\lambda \in R$, o produto $\lambda w_1 \in W$

OBSERVAÇÃO

- Se W é um subconjunto de V e satisfaz as condições dadas na definição acima, então as outras propriedades estudadas nos espaços vetoriais serão consideradas válidas no conjunto W.
- Podemos dizer, também, que se W é um subespaço vetorial de V, então W é um espaço vetorial sobre $\Re$.

Exemplificando

1) Seja $V = \Re^2$ um espaço vetorial e $W = \{(x, y) \in \Re^2 / y = 3x\}$ um subconjunto de V. Verifique se W é subespaço vetorial de V. Nesse exemplo, vamos analisar considerando a representação gráfica de W.

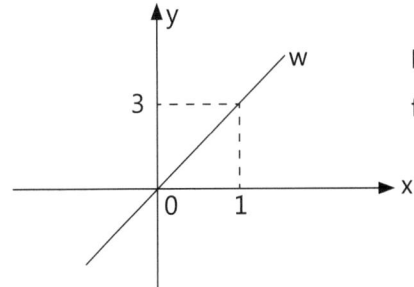

Note que todos os pontos que pertencem à reta fazem parte de W.

Podemos observar na representação gráfica que o ponto $(0, 0) \in W$, pois $y = 3x$ e $0 = 3.0$. Veja que isso é uma condição necessária, mas não é suficiente. Sendo assim, precisamos verificar as outras duas condições dadas na definição.

• Considerando dois elementos de W, por exemplo u e v. Vamos verificar se $u + v \in W$.

$u = (x_1, 3x_1)$
$v = (x_2, 3x_2)$
$u + v = (x_1 + x_2, 3x_1 + 3x_2) = (x_1 + x_2, 3(x_1 + x_2)) \in W$

• Considerando um elemento de W, por exemplo u e um escalar $\lambda \in \Re^2$.

Vamos verificar se $\lambda u \in W$.

$u = (x_1, 3x_1)$
$\lambda u = (x_1, 3x_1) = (\lambda x_1, \lambda(3x_1)) = (\lambda x_1, 3(\lambda x_1)) \in W$

Logo, W é um subespaço de R^2.

2) Seja $V = \Re^2$ um espaço vetorial e $W = \{(x, y) \in \Re^2 / y = x + 2\}$ um subconjunto de V. Verifique se W é subespaço vetorial de V. Nesse exemplo, vamos analisar considerando a representação gráfica de W.

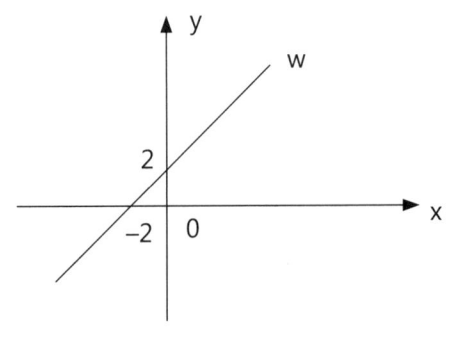

Podemos observar na representação gráfica que o ponto $(0, 0) \notin W$. Como essa condição é necessária, podemos concluir que W não é um subespaço vetorial de V. Veja que basta notar que a reta não passa pela origem.

3) Seja $V = \Re^2$ um espaço vetorial e $W = \{(x, y) \in \Re^2 / y = x^2\}$ um subconjunto de V. Verifique se W é subespaço vetorial de V. Nesse exemplo, vamos analisar considerando a representação gráfica de W.

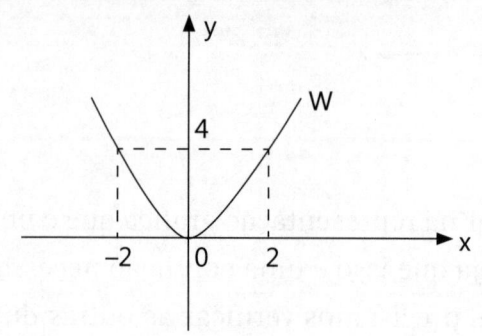

Podemos observar na representação gráfica que o ponto $(0, 0) \in W$, pois $y = x^2$ e $0 = 0^2$. Veja que isso é uma condição necessária, mas não é suficiente. Sendo assim, precisamos verificar as outras duas condições dadas na definição.

• Considerando dois elementos de W, por exemplo u e v. Vamos verificar se $u + v \in W$.

$u = (a, a^2)$

$v = (b, b^2)$

$u + v = (a + b, a^2 + b^2) \notin W$

Note que $a^2 + b^2 \neq (a + b)^2$

Exemplo: $(1, 1) + (2, 4) = (3, 5) \notin W$, pois $5 \neq 3^2$.

Logo, W não é um subespaço de R^2.

OBSERVAÇÕES

- Todo espaço vetorial é subespaço de si mesmo.
- $\{0\}$ – conjunto cujo único elemento é o vetor nulo – é subespaço de qualquer espaço V.

Subespaços de R^2

- $\{0\}$ o conjunto cujo único elemento é o vetor nulo.

- O próprio R^2.

- Retas que passam pela origem.

Os dois primeiros são chamados de subespaços triviais de R^2.

Subespaços de R^3

- $\{0\}$ o conjunto cujo único elemento é o vetor nulo.

- O próprio R^3.

- Retas que passam pela origem $(0 = (0, 0, 0))$.

- Planos que passam pela origem.

Os dois primeiros são chamados de subespaços triviais de R^3.

EXERCÍCIOS RESOLVIDOS

1) Seja $V = 8_{3x3}(\Re)$ um espaço vetorial e W = conjunto das matrizes triangulares superiores de ordem 3 um subconjunto de V. Verifique se W é um subespaço vetorial de V.

Seja a matriz A um elemento de W, definida por: $A \in W \Rightarrow \begin{pmatrix} a_{11} & a_{12} & a_{13} \\ 0 & a_{22} & a_{23} \\ 0 & 0 & a_{33} \end{pmatrix}$

Solução

Vejamos as condições dadas na definição de subespaço vetorial.

A matriz nula pertence ao subconjunto W.

$\begin{pmatrix} 0 & 0 & 0 \\ 0 & 0 & 0 \\ 0 & 0 & 0 \end{pmatrix} \in W$

Sejam duas matrizes A e B dois elementos do subconjunto W.

As matrizes A e B podem ser definidas da seguinte forma:

$A = \begin{pmatrix} a_{11} & a_{12} & a_{13} \\ 0 & a_{22} & a_{23} \\ 0 & 0 & a_{33} \end{pmatrix}$

$B = \begin{pmatrix} b_{11} & b_{12} & b_{13} \\ 0 & b_{22} & b_{23} \\ 0 & 0 & v_{33} \end{pmatrix}$

$$A + B = \begin{bmatrix} a_{11} + b_{11} & a_{12} + b_{12} & a_{13} + b_{13} \\ 0 & a_{22} + b_{22} & a_{23} + b_{23} \\ 0 & 0 & a_{33} + b_{33} \end{bmatrix} \in W$$

Note que, para toda matriz A e B em W, temos que a soma das matrizes também estão em W, ou seja, o resultado da soma gerou um elemento que está em W.

c) Seja o escalar $\alpha \in R$ e a matriz A um elemento do subconjunto W.

$$\alpha A = \alpha \begin{bmatrix} a_{11} & a_{12} & a_{13} \\ 0 & a_{22} & a_{23} \\ 0 & 0 & a_{33} \end{bmatrix} = \begin{bmatrix} \alpha a_{11} & \alpha a_{12} & \alpha a_{13} \\ 0 & \alpha a_{22} & \alpha a_{23} \\ 0 & 0 & \alpha a_{33} \end{bmatrix}$$

Note que para todo escalar α em $\Re$ e para toda matriz A em W, o produto αA é um elemento do subconjunto W.

Portanto, as três condições foram atendidas. Podemos concluir que W é um subespaço vetorial de $M_{3x3}(\Re)$.

2) Seja $V = P_3$ um espaço vetorial e $W = \{ax^3 + bx^2 + cx + d / b \neq 0\}$ um subconjunto de V. Verifique se W é um subespaço de V.

Solução

Vejamos as condições dadas:

a) $0x^3 + 0x^2 + 0x + 0 \notin W$, pois $b \neq 0$.

Logo, W não é um subespaço de V.

3) Seja $V = M_{2x2}(\Re)$ um espaço vetorial e $W = \left\{ \begin{bmatrix} a & b \\ c & d \end{bmatrix} \in M_{2x2}(\Re) \ / \ 2a - 3b + c = 0 \right\}$ um subconjunto de V. Verifique se W é um subespaço de V.

a) $\begin{bmatrix} 0 & 0 \\ 0 & 0 \end{bmatrix} \in M$

Como cada elemento da matriz é nulo, note que dado $2a - 3b + c = 0$ podemos escrever $2(0) - 3(0) + 0 = 0$. O resultado é um elemento do subconjunto W.

b) Sejam as matrizes X, Y dois elementos de W. As matrizes são definidas da seguinte forma:

$X = \begin{bmatrix} a & b \\ c & d \end{bmatrix}$, onde $2a - 3b + c = 0$

$Y = \begin{bmatrix} e & f \\ g & h \end{bmatrix}$, onde $2e - 3f + g = 0$

$X + Y = \begin{bmatrix} a + e & b + f \\ c + g & d + h \end{bmatrix}$, onde $2(a + e) - 3(b + f) + c + g = 0$

Desenvolvendo a expressão $2(a + e) - 3(b + f) + c + g = 0$.

$2a + 2e - 3b - 3f + c + g = 0$

$\underbrace{(2a - 3b + c)}_{X} + \underbrace{(2e - 3f + g)}_{Y} = 0$

Note que a soma das matrizes X + Y está em W.

c) Seja o escalar $\alpha \in \Re$ e a matriz X um elemento de W. A matriz X é definida da seguinte forma:

$X = \begin{bmatrix} a & b \\ c & d \end{bmatrix}$, onde $2a - 3b + c = 0$

$\alpha.X = \begin{bmatrix} a & b \\ c & d \end{bmatrix} = \begin{bmatrix} \alpha a & \alpha b \\ \alpha c & \alpha d \end{bmatrix} \Rightarrow 2(\alpha a) - 3(\alpha b) + \alpha c = 0 \Rightarrow \alpha(2a - 3b + c) = 0$

Note que a multiplicação do escalar pela matriz nos dá como resultado um elemento que está em W.

Portanto, W é um subespaço vetorial de $V = M_{2 \times 2}(\Re)$.

EXERCÍCIOS DE FIXAÇÃO

1) Dado W = {(x, y)/ y = − 3x} um subconjunto de $\Re^2$. Verifique se W é um subespaço vetorial de R^2.

2) Dado W = {(x, y)/ x + 2y – 0} um subconjunto de $\Re^2$. Verifique se W é um subespaço vetorial de R^2.

3) Dado W = {(x, y)/ y = x + 2} um subconjunto de $\Re^2$. Verifique se W é um subespaço vetorial de R^2.

4) Dado W = {(x, y, z)/ z = 2x + y} um subconjunto de $\Re^3$. Verifique se W é um subespaço vetorial de R^3.

5) Dado W = {(x, y, z)/ y = x + 3 e z = 0} um subconjunto de $\Re^3$. Verifique se W é um subespaço vetorial de R^3.

6) Dado $W = \left\{ \begin{pmatrix} a & b \\ c & d \end{pmatrix} / c = 0 \text{ e } d = a + b \right\}$ um subconjunto do espaço vetorial das matrizes de ordem 2, $M_{2 \times 2}(\Re)$. Verifique se W é um subespaço vetorial de $M_{2 \times 2}(\Re)$.

4.3 Combinação linear

Nesta seção vamos estudar as combinações lineares e sua importância na descrição dos espaços vetoriais. Vejamos a definição de combinação linear.

DEFINIÇÃO

Seja V um espaço vetorial, com elementos $v_1, v_2, ..., v_n$. Podemos dizer que um vetor w é combinação linear dos vetores $v_1, v_2, ..., v_n$, quando existirem números reais (escalares) $\lambda_1, \lambda_2, ..., \lambda_n$ tais que

$$w = \lambda_1 v_1 + \lambda_2 v_2 + ... + \lambda_n v_n$$

Ou seja, se for possível escrever um vetor W de V através de uma expressão, então podemos dizer que o vetor w é obtido através de uma combinação linear dos vetores $v_1, v_2, ..., v_n$.

Exemplificando

1) Nesse exemplo, vamos verificar se o vetor $w = (2, 7) \in \Re^2$ pode ser escrito como uma combinação linear dos vetores $u = (1, 2)$ e $v = (1, -1)$.

Vamos trabalhar com a expressão $w = \lambda_1 u + \lambda_2 v$, onde λ_1 e λ_2 são escalares.

Substituindo os vetores dados teremos:

$(2, 7) = \lambda_1(1, 2) + \lambda_2(1, -1)$

$(2, 7) = (\lambda_1, 2\lambda_1) + (\lambda_2, -\lambda_2)$

$(2, 7) = (\lambda_1 + \lambda_2, 2\lambda_1 - \lambda_2)$

$$\begin{cases} \lambda_1 + \lambda_2 = 2 \\ 2\lambda_1 - 2\lambda_2 = 7 \end{cases}$$

Resolvendo o sistema de equações, encontramos o valor de cada escalar. $\lambda_1 = 3$ e $\lambda_2 = -1$

Assim, temos: $w = 3u - v$

Logo, o vetor w pode ser escrito como combinação linear de u e v.

2) Seja $w = \begin{pmatrix} 0 \\ 4 \\ 5 \end{pmatrix}$ um vetor de $\Re^3$. Vejamos se podemos escrever w como uma combinação linear dos vetores $u = \begin{pmatrix} 0 \\ -2 \\ 2 \end{pmatrix}$ e $v = \begin{pmatrix} 1 \\ 3 \\ -1 \end{pmatrix}$.

$$\begin{pmatrix} 0 \\ 4 \\ 5 \end{pmatrix} = \lambda_1 \begin{pmatrix} 0 \\ -2 \\ 2 \end{pmatrix} + \lambda_2 \begin{pmatrix} 1 \\ 3 \\ -1 \end{pmatrix}$$

$$\begin{cases} \lambda_2 = 0 \\ -2\lambda_1 + 3\lambda_2 = 4 \\ 2\lambda_1 - \lambda_2 = 5 \end{cases}$$

Resolvendo o sistema encontramos, $\lambda_2 = 0$, $\lambda_1 = \dfrac{5}{2}$ e $\lambda_1 = -2$.

Note que o escalar λ não pode assumir dois valores diferentes.

Portanto, o vetor w não é combinação linear dos vetores u e v.

EXERCÍCIOS RESOLVIDOS

4) Expresse o polinômio $p(x) = -9 - 7x - 15x^2$ como combinação linear de $p_1 = (2 + x + 4x^2)$, $p_2 = (1 - x + 3x^2)$ e $p_3 = (3 + 2x + 5x^2)$

Solução

$-9 - 7x - 15x^2 = \lambda_1(2 + x + 4x^2) + \lambda_2(1 - x + 3x^2) + \lambda_3(3 + 2x + 5x^2)$, onde λ_1, λ_2 e λ_3 são escalares em $\mathbb{R}$.

$-9 - 7x - 15x^2 = (2\lambda_1 + x\lambda_1 + 4x^2\lambda_1) + (1\lambda_2 - x\lambda_2 + 3x^2\lambda_2) + (3\lambda_3 + 2x\lambda_3 + 5x^2\lambda_3)$

$$\begin{cases} 4\lambda_1 + 3\lambda_2 + 5\lambda_3 = -15 \\ \lambda_1 - \lambda_2 + 2\lambda_3 = -7 \\ 2\lambda_1 + \lambda_2 + 3\lambda_3 = -9 \end{cases}$$

Resolvendo o sistema por escalonamento, encontraremos:
$\lambda_1 = -2$, $\lambda_2 = 1$ e $\lambda_3 = -2$
Assim, fica verificado que o polinômio $p(x) = -9 - 7x - 15x^2$ pode ser escrito com combinação linear dos polinômios p_1, p_2 e p_3.

5) Determine o valor de a para que o vetor $w = (-1, a, -7)$ de $\Re^3$ seja combinação linear dos vetores $u = (1, -3, 2)$ e $v = (2, 4, -1)$.

Solução

Vamos considerar os escalares λ_1 e λ_2. Teremos:

$(-1, a, -7) = \lambda_1(1,-3,2) + \lambda_2(2,4,-1)$
$(-1, a, -7) = (\lambda_1, -3\lambda_1, 2\lambda_1) + (2\lambda_2, 4\lambda_2, -\lambda_2)$
$(-1, a, -7) = (\lambda_1 + 2\lambda_2, -3\lambda_1 + 4\lambda_2, 2\lambda_1 - \lambda_2)$

$$\lambda_1 + 2\lambda_2 = -1$$
$$-3\lambda_1 + 4\lambda_2 = a$$
$$2\lambda_1 - \lambda_2 = -7$$

Resolvendo o sistema, encontramos **a** = 13.

6) Verifique se a matriz $\begin{bmatrix} 6 & -8 \\ -1 & -8 \end{bmatrix}$ de $M_{2x2}(\Re)$ é uma combinação linear das matrizes

$$A = \begin{bmatrix} 4 & 0 \\ -2 & -2 \end{bmatrix}, B = \begin{bmatrix} 1 & -1 \\ 2 & 3 \end{bmatrix} \text{ e } C = \begin{bmatrix} 0 & 2 \\ 1 & 4 \end{bmatrix}$$

Solução

$$\begin{bmatrix} 6 & -8 \\ -1 & -8 \end{bmatrix} = \lambda_1 \begin{bmatrix} 4 & 0 \\ -2 & -2 \end{bmatrix} + \lambda_2 \begin{bmatrix} 1 & -1 \\ 2 & 3 \end{bmatrix} + \lambda_3 \begin{bmatrix} 0 & 2 \\ 1 & 4 \end{bmatrix}$$

$$\begin{cases} 4\lambda_1 + \lambda_2 = 6 \\ -\lambda_2 + 2\lambda_3 = -8 \\ -2\lambda_1 + 2\lambda_2 + \lambda_3 = -1 \\ -2\lambda_1 + 3\lambda_2 + 4\lambda_3 = -8 \end{cases}$$

Resolvendo o sistema, encontraremos:

$$\lambda_1 = \frac{5}{2}, \lambda_2 = -4 \text{ e } \lambda_3 = 3$$

Assim, fica verificado que a matriz $\begin{bmatrix} 6 & -8 \\ -1 & -8 \end{bmatrix}$ de $M_{2x2}(\Re)$ pode ser escrita com combinação linear das matrizes dadas.

7) Verifique se o vetor $w = \begin{pmatrix} 2 \\ 2 \\ 2 \end{pmatrix}$ de $\Re^3$ é combinação linear dos vetores $u = \begin{pmatrix} 0 \\ -2 \\ 2 \end{pmatrix}$ e $v = \begin{pmatrix} 1 \\ 3 \\ -1 \end{pmatrix}$

Solução

$$\begin{pmatrix} 2 \\ 2 \\ 2 \end{pmatrix} = \lambda_1 \begin{pmatrix} 0 \\ -2 \\ 2 \end{pmatrix} + \lambda_2 \begin{pmatrix} 1 \\ 3 \\ -1 \end{pmatrix} \Rightarrow \begin{cases} \lambda_2 = 2 \\ -2\lambda_1 + 3\lambda_2 = 2 \\ 2\lambda_1 - \lambda_2 = 2 \end{cases}$$

onde λ_1 e λ_2 são escalares reais.

Resolvendo o sistema, encontramos $\lambda_1 = 2$ e $\lambda_2 = 2$.

Portanto, o vetor **w** é combinação linear dos vetores **u** e **v**.

Subespaços gerados

Considere os vetores $v_1, v_2, ..., v_n$ de V. Podemos dizer que o conjunto de todas as combinações lineares desses vetores é um subespaço vetorial de V, que é chamado de *subespaço gerado* pelo conjunto de vetores $\{v_1, v_2, ..., v_n\}$. Esse espaço é denotado por $[v_1, v_2, ..., v_n]$. Dizemos que os vetores $v_1, v_2, ..., v_n$ são geradores de $[v_1, v_2, ..., v_n]$. Assim, dado W em V, teremos:

$$[W] = [v_1, v_2, ..., v_n] = \{\boldsymbol{\lambda_1 v_1 + \lambda_2 v_2 + ... + \lambda_n v_n} / \lambda_1, \lambda_2, ..., \lambda_n \in R\}$$

conjunto de todas as combinações lineares

Exemplificando

1) Analise que condições devem ser satisfeitas para que um vetor com coordenadas (x, y, z) em $\Re^3$ possa ser escrito como combinação linear dos vetores u e v.

Considere $u = (1, 1, 0)$ e $v = (0, 1, 1)$.

Vamos escrever $(x, y, z) = \lambda_1(1, 1, 0) + \lambda_2(0, 1, 1)$, onde λ_1 e λ_2 são escalares reais.

Encontramos o sistema abaixo:

$\lambda_1 = x$
$\lambda_1 + \lambda_2 = y$
$\lambda_2 = z$

Resolvendo o sistema, notamos que $y = x + z$ é a condição necessária para termos uma combinação linear. Isso significa que qualquer vetor que atenda a condição será uma combinação linear dos vetores u e v. Ainda podemos dizer que todo vetor que pode ser escrito como combinação linear dos vetores u e v formam um espaço vetorial chamado espaço gerado. Logo [u, v] representa o conjunto de todas as combinações dos vetores {u, v}. Assim, temos que

$[u, v] = \{(x, y, z) \in R^3 / x - y + z = 0\}$ ou $[u, v] = \{\lambda_1 u + \lambda_2 v / \lambda_1, \lambda_2 \in R\}$

2) Determine uma condição para que o vetor $x = (x_1, x_2, x_3)$ de $\Re^3$ seja uma combinação linear de $u = (1, -3, 2)$ e $v = (2, -1, 1)$ de modo que x pertença ao espaço gerado pelos vetores u e v.

$(x_1, x_2, x_3) = \lambda_1(1, -3, 2) + \lambda_2(2, -1, 1)$

Encontramos o sistema abaixo:

$$\begin{cases} \lambda_1 + 2\lambda_2 = x_1 \\ -3\lambda_1 - \lambda_2 = x_2 \\ 2\lambda_1 + \lambda_2 = x_3 \end{cases}$$

resolvendo o sistema, temos obtemos:

$$[u, v] = \left\{ \begin{pmatrix} 3x_2 + 5x_3 \\ x_2 \\ x_3 \end{pmatrix} / x_2, x_3 \in \Re \right\} = \{(3x_2 + 5x_3, x_2, x_3) \in \Re^3 / x_2, x_3 \in \Re\}$$

3) O subespaço de $\Re^3$ gerado pelos vetores a = (1, 2, 0) e b = (3, 0, 1) e c = (2, -2, 1) é o plano de equação $2x - y - 6z = 0$.

4) O conjunto $\Re^3$ é o subespaço gerado pelos vetores i = (1,0,0), j = (0,1,0) e k = (0,0,1) de R^3.

EXERCÍCIOS RESOLVIDOS

8) Determine um conjunto de geradores para o subespaço vetorial S = {(x, y, z) em $\Re^3$ / x = 3z e x − y = 0}.

Solução
Temos que x = 3z e x − y = 0.

x − y → x = y → y = 3z

Veja que a ideia é escrever um vetor genérico de S.

(x, y, z) ∈ S ↔ x = 3z e y = 3z

(x, y, z) ∈ S ↔ x = 3z e y = 3z

(x, y, z) ∈ S = {(3z, 3z, z)} = {z.(3, 3, 1)}

Logo, o vetor W é gerado pelo vetor [(3, 3, 1)], ou seja, W = [(3, 3, 1)].
Resposta: {(3, 3, 1)}. Note que temos apenas um gerador.

9) Determine uma condição para que o vetor x = (x_1, x_2, x_3) de R^3 seja uma combinação linear de u = (1, 2, 3) e v = (0, 1, 1) de modo que x pertença ao espaço gerado pelos vetores u e v.

Solução
$(x_1, x_2, x_3) = \lambda_1(1, 2, 3) + \lambda_2(0, 1, 1)$

Encontramos o sistema abaixo:

$$\begin{cases} \lambda_1 = x_1 \\ 2\lambda_1 + \lambda_2 = x_2 \\ 3\lambda_3 + \lambda_2 = x_3 \end{cases}$$

Resolvendo o sistema, temos:

$$[u, v] = \left\{ \begin{pmatrix} x_1 \\ x_2 \\ x_1 + x_2 \end{pmatrix} / x_2, x_3 \in \Re \right\} = \{(x_1, x_2, x_1 + x_2) \in \Re^3 / x_1, x_2 \in \Re\}$$

EXERCÍCIOS DE FIXAÇÃO

7) Verifique se o vetor w = (7, −11, 2) de $\Re^3$ é combinação linear dos vetores u = (2, −3, 2) e v = (−1, 2, 4).

8) Verifique se o vetor w = (9, 2, 7) de $\Re^3$ é combinação linear dos vetores u = (1, 2, −1) e v = (6, 4, 2).

9) Verifique se a matriz $\begin{bmatrix} -1 & 5 \\ 7 & 1 \end{bmatrix}$ de $M_{2 \times 2}(\Re)$ é uma combinação linear das matrizes

$A = \begin{bmatrix} 4 & 0 \\ -2 & -2 \end{bmatrix}$, $B = \begin{bmatrix} 1 & -1 \\ 2 & 3 \end{bmatrix} =$ e $C = \begin{bmatrix} 0 & 2 \\ 1 & 4 \end{bmatrix}$

10) É possível escrever o polinômio p(x) = 7 − 5x + 5x² como combinação linear de $p_1 = (1 - 2x + x^2)$, $p_2 = (2 + x)$ e $p_3 = (-x + 2x^2)$?

11) Determine uma condição para que o vetor x = (x_1, x_2, x_3) de R³ seja uma combinação linear de u = (1, 2, 0), v = (0, 1, −1) e w = (1, −1, 1)

12) Determine um conjunto de geradores para o subespaço vetorial W = {(x, y, z) em R³/x + + 2z = 0}.

4.4 Dependência e independência linear

Independência linear

Dizemos que um conjunto L = {$u_1, u_2, \ldots u_n$} contido em V é linearmente independente (L.I) se a equação vetorial

$$\lambda_1 u_1 + \lambda_2 u_2 + \ldots + \lambda_n u_n = 0$$

admite $\lambda_1 = \lambda_2 = \ldots = \lambda_n = 0$, para todo escalar $\lambda_1 = \lambda_2 = \ldots \lambda_n \in \Re$. Em outras palavras, podemos dizer que o conjunto de vetores $L = \{u_1, u_2, \ldots, u_n\}$ contido em V é linearmente independente se ele admite apenas a solução trivial $\lambda_1 = \lambda_2 = \ldots = \lambda_n = 0$.

EXEMPLO

Um conjunto contendo um único vetor **u** é LI se, e somente se, **u** é diferente do vetor nulo. Veja:
Seja o conjunto {1}.
Ele é LI, pois $\lambda.1 = 0 \rightarrow \lambda = 0$

Dependência linear

Dizemos que um conjunto $L = \{u_1, u_2, \ldots, u_n\}$ contido em V é linearmente dependente (LD) quando a equação vetorial $\lambda_1 u_1 + \lambda_2 u_2 + \ldots + \lambda_n u_n$, com $\lambda_1, \lambda_2, \ldots, \lambda_n \in \Re$, admite alguma solução não trivial. Isso significa dizer que nem todos os escalares $\lambda_1, \lambda_2, \ldots, \lambda_n$ são iguais a zero.

Exemplificando

1) Seja o conjunto formado pelos vetores {u, v}, onde u e v são não nulos. Podemos dizer que eles são linearmente dependentes ou simplesmente que eles são LD quando um vetor é múltiplo do outro. Veja:

Seja u = (1, 2) e v = (3, 6).

Note que o vetor $u = \frac{1}{3} v \Rightarrow (1, 2) = \frac{1}{3}(3, 6)$

Portanto, u é múltiplo de v e v é múltiplo de u, pois v = 3u.

Agora vamos verificar como determinar se um conjunto é linearmente independente.

Para verificarmos se um conjunto de vetores dados é um conjunto linearmente independente em um espaço vetorial V, basta verificar se a equação vetorial $\lambda_1 u_1 + \lambda_2 u_2 + \ldots + \lambda_n u_n = 0$ possui solução trivial.

2) Verifique se o conjunto $\left\{ \begin{pmatrix} 1 \\ 2 \\ 1 \end{pmatrix}, \begin{pmatrix} 0 \\ 1 \\ 1 \end{pmatrix}, \begin{pmatrix} 1 \\ 2 \\ 0 \end{pmatrix} \right\}$ é LI em R^3.

Usando a definição, temos que:

$$\lambda_1 \begin{pmatrix} 1 \\ 2 \\ 1 \end{pmatrix} + \lambda_2 \begin{pmatrix} 0 \\ 1 \\ 1 \end{pmatrix} + \lambda_3 \begin{pmatrix} 1 \\ 2 \\ 0 \end{pmatrix} = \begin{pmatrix} 0 \\ 0 \\ 0 \end{pmatrix}.$$

$$\begin{cases} \lambda_1 + \lambda_3 = 0 \\ 2\lambda_1 + \lambda_2 + 2\lambda_3 = 0 \\ \lambda_1 + \lambda_2 = 0 \end{cases}$$

Resolvendo o sistema, por exemplo, por escalonamento, concluímos que $\lambda_1 = \lambda_2 = \lambda_3 = 0$, logo é LI. Note que a única solução é a trivial $\lambda_1 = \lambda_2 = \lambda_3 = 0$.

3) Verifique se o conjunto formado pelos vetores $v_1 = \begin{pmatrix} 1 \\ 1 \\ 0 \\ 0 \end{pmatrix}$, $v_2 = \begin{pmatrix} 0 \\ 1 \\ 0 \\ 0 \end{pmatrix}$, $v_3 = \begin{pmatrix} 2 \\ 1 \\ 0 \\ 0 \end{pmatrix}$ é LD.

Usando a definição, temos que:

$$\lambda_1 \begin{pmatrix} 1 \\ 1 \\ 0 \\ 0 \end{pmatrix} + \lambda_2 \begin{pmatrix} 0 \\ 1 \\ 0 \\ 0 \end{pmatrix} + \lambda_3 \begin{pmatrix} 2 \\ 1 \\ 0 \\ 0 \end{pmatrix} = \begin{pmatrix} 0 \\ 0 \\ 0 \\ 0 \end{pmatrix}$$

$$\begin{cases} \lambda_1 + 2\lambda_3 = 0 \\ \lambda_1 + \lambda_2 + \lambda_3 = 0 \end{cases}$$

Resolvendo o sistema por escalonamento, verifica-se que ele é indeterminado, existindo, assim, múltiplas soluções não triviais. Portanto, o conjunto é LD.

EXERCÍCIOS RESOLVIDOS

10) Verifique se o conjunto {(1, 2, 0), (12, –6,5)} é LI ou LD.

Solução

Veja que dois vetores são LD quando um é múltiplo do outro. Nesse caso os vetores (1, 2, 0) e (12, –6, 5) não são múltiplos entre si, pois não é possível gerar o vetor (1, 2, 0) a partir do vetor (12, –6, 5). O mesmo ocorre ao contrário. Logo, o conjunto é LI.

11) Verifique se o conjunto de vetores {(1, 1, 0),(1, 4, 5),(3, 6, 5)} do espaço vetorial $\Re^3$ é linearmente independente.

Solução

Considerando o vetor (x, y, z) em $\Re^3$. Temos a seguinte equação vetorial:

x(1, 1, 0) + y(1, 4, 5) +z(3, 6, 5) = (0, 0, 0)

$(x, x, 0) + (y, 4y, 5y) + (3z, 6z, 5z) = (0, 0, 0)$
$(x + y + 3z, x + 4y + 6z, 0 + 5y + 5z) = (0, 0, 0)$

Agora temos o sistema de equações abaixo.

$$\begin{cases} x + y + 3z = 0 \\ x + 4y + 6z = 0 \\ 5y + 5z = 0 \end{cases}$$

Resolvendo o sistema, verificamos que ele admite outras soluções além da trivial. Logo, o conjunto de vetores é **LD**.

12) Verifique se o conjunto de vetores {(1, 2, 0), (1, 1, –1), (1, 4, 2)} do espaço vetorial $\Re^3$ é linearmente independente.

Solução

$a(1, 2, 0) + b(1, 1, –1) + c(1, 4, 2) = (0, 0, 0)$, para todo a, b, c ∈ R.
A partir dessa equação, encontramos o sistema abaixo:

$$\begin{cases} a + b + c = 0 \\ 2a + b + 4c = 0 \\ -b + 2c = 0 \end{cases}$$

Resolvendo, encontramos: a = –3c e b = 2c.
Logo, {(–3c, 2c, c)/ c ∈ $\Re$} é linearmente dependente (LD).

! ATENÇÃO

Note que a solução trivial (0, 0, 0) não é única, pois além dela temos outras soluções. Basta atribuir qualquer valor real para o c.

EXERCÍCIOS DE FIXAÇÃO

13) Verifique se $v_1 = \begin{pmatrix} 1 & 0 \\ 2 & 1 \end{pmatrix}$, $v_2 = \begin{pmatrix} 0 & -6 \\ 0 & 3 \end{pmatrix}$, $v_3 = \begin{pmatrix} 1 & 0 \\ 0 & 1 \end{pmatrix}$ são LI ou LD.

14) Verifique se $v_1 = \begin{pmatrix} 1 \\ 2 \\ 0 \end{pmatrix}$, $v_2 = \begin{pmatrix} 1 \\ 0 \\ 2 \end{pmatrix}$, $v_3 = \begin{pmatrix} 3 \\ -1 \\ 7 \end{pmatrix}$ são LI ou LD.

15) Verifique se o conjunto de vetores {(1, 2, 3), (1, 4, 9), (1, 8, 27)} do espaço vetorial $\Re^3$ é LI ou LD.

16) Verifique se o conjunto de vetores {(1, 2, 1), (2, 4, 2), (5, 10, 5)} do espaço vetorial $\Re^3$ é LI ou LD.

17) Determine o valor de k para que o conjunto de vetores de $\Re^3$ {(–1, 0, 2), (1, 1, 1), (k, –2, 0)} seja LI.

4.5 Base e dimensão de um subespaço vetorial

Base de um subespaço vetorial

Seja V um espaço vetorial finitamente gerado. Dizemos que o conjunto $B = \{u_1, u_2, ..., u_n\}$ contido em V é uma base de V se:

(i) $B = \{u_1, u_2, ..., u_n\}$ é um conjunto linearmente independente.

(ii) [B] = V, ou seja, o subespaço gerado por B é V.

Em outras palavras, podemos dizer que o conjunto formado por todas as combinações lineares de u é igual ao conjunto V. Esse conjunto deve ser linearmente independente.

EXERCÍCIOS RESOLVIDOS

13) O conjunto {1} é uma base de $\Re$.

Solução
Se x∈R então x = x.1, ou seja, [1] = $\Re$.
{1} é LI, pois a.1 = 0. Logo, a = 0.

14) O conjunto {(1, 0), (0, 1)} é uma base de R^2. Vejamos:

Solução
Todo vetor de R^2 pode ser escrito como combinação linear desses dois vetores. Então vamos considerar o par (x, y) ∈ $\Re^2$.
Assim, podemos escrever (x, y) = x(1, 0) + y(0, 1). Isso significa que se tivermos o par (–2, 3) em $\Re^2$, podemos escrevê-lo como combinação linear dos vetores (1, 0) e (0, 1).

(–2, 3) = –2(1, 0) + 3(0, 1)
[(1, 0), (0, 1)] = $\Re^2$

OBSERVAÇÃO

Conjunto
O conjunto {(1, 0), (0, 1)} e o conjunto {(1, 0, 0), (0, 1, 0),(0, 0, 1)} são chamados de bases canônicas dos respectivos espaços vetoriais.

O conjunto {(1, 0), (0, 1)} é linearmente independente, pois x(1, 0) + y(0, 1) = = (0, 0) nos dá x = 0 e y = 0 (solução trivial).

Logo, o conjunto {(1, 0), (0, 1)} é uma base de $\Re^2$.

15) O **conjunto** {(1, 0, 0), (0, 1, 0),(0, 0, 1)} é uma base de $\Re^3$.

16) O conjunto $\left\{\begin{bmatrix}1 & 0\\0 & 0\end{bmatrix}, \begin{bmatrix}0 & 1\\0 & 0\end{bmatrix}, \begin{bmatrix}0 & 0\\1 & 0\end{bmatrix}, \begin{bmatrix}0 & 0\\0 & 1\end{bmatrix}\right\}$ é uma base de $M_{2x2}(\Re)$.

17) O conjunto {(1, −1), (−2, 2), (1, 0)} não é uma base de R^2. Veja:
O conjunto de vetores não é linearmente independente. Observe que os dois primeiros vetores (1, −1) e (−2, 2) são múltiplos. Temos (−2, 2) = −2(1, −1) + + 0(1, 0).
Logo, o conjunto de vetores é linearmente dependente.
Podemos concluir que o conjunto {(1, −1), (−2, 2), (1, 0)} não é uma base de $\Re^2$.

18) $E = \Re^2$, $\left\{\begin{pmatrix}1\\0\end{pmatrix}, \begin{pmatrix}0\\1\end{pmatrix}\right\}$ é base de $\Re^2$ → base canônica

$$\lambda_1 \begin{pmatrix}1\\0\end{pmatrix} + \lambda_2 \begin{pmatrix}0\\1\end{pmatrix} = \begin{pmatrix}0\\0\end{pmatrix}$$

$$\begin{pmatrix}\lambda_1\\\lambda_2\end{pmatrix} = \begin{pmatrix}0\\0\end{pmatrix} \Rightarrow \begin{cases}\lambda_1 = 0\\\lambda_2 = 0\end{cases}$$

Logo, é LI

Suponha $\begin{pmatrix}x\\y\end{pmatrix} \in \Re^2$

Precisamos provar que para todo vetor $\begin{pmatrix}x\\y\end{pmatrix} \in \Re^2 \Rightarrow \begin{pmatrix}x\\y\end{pmatrix} \in L\left\{\begin{pmatrix}1\\0\end{pmatrix}, \begin{pmatrix}0\\1\end{pmatrix}\right\}$

$$\begin{pmatrix}x\\y\end{pmatrix} = \alpha_1 \begin{pmatrix}1\\0\end{pmatrix} + \alpha_2 \begin{pmatrix}0\\1\end{pmatrix} = \begin{pmatrix}\alpha_1\\\alpha_2\end{pmatrix}$$

$$\begin{cases}\alpha_1 = x\\\alpha_2 = y\end{cases}$$

Logo, $\left\{\begin{pmatrix}1\\0\end{pmatrix}, \begin{pmatrix}0\\1\end{pmatrix}\right\}$ é base de $\Re^2$.

19) $E = \Re^2$, $\left\{\begin{pmatrix}1\\0\end{pmatrix}, \begin{pmatrix}0\\\frac{1}{2}\end{pmatrix}\right\}$ não é base de $\Re^2$, pois

$$\alpha_1 \begin{pmatrix} 0 \\ 1 \end{pmatrix} + \alpha_2 \begin{pmatrix} 0 \\ \frac{1}{2} \end{pmatrix} = \begin{pmatrix} 0 \\ 0 \end{pmatrix}$$

$$\alpha_1 + \frac{\alpha_2}{1} = 0$$

O conjunto de vetores é LD.

Teorema 1

Seja V um espaço vetorial e $\{u_1, u_2, ..., u_n\}$ são vetores não nulos que geram V, então há uma base de V contida no conjunto $\{u_1, u_2, ..., u_n\}$.

Teorema 2

Seja V um espaço vetorial gerado por um conjunto finito de vetores $\{u_1, u_2, ..., u_n\}$. Então qualquer conjunto com mais de n vetores é LD.

EXERCÍCIOS DE FIXAÇÃO

18) Verifique se o conjunto $A = \left\{ \begin{pmatrix} 1 \\ 2 \\ 3 \end{pmatrix}, \begin{pmatrix} 0 \\ 1 \\ 2 \end{pmatrix}, \begin{pmatrix} 0 \\ 0 \\ 1 \end{pmatrix} \right\}$ é uma base para $\Re^3$.

19) Verifique se o conjunto $B = \left\{ \begin{pmatrix} 0 \\ 1 \\ 1 \end{pmatrix}, \begin{pmatrix} 0 \\ 0 \\ 0 \end{pmatrix}, \begin{pmatrix} 1 \\ 1 \\ 0 \end{pmatrix} \right\}$ é uma base para $\Re^3$.

20) Verifique se o conjunto $A = \left\{ \begin{bmatrix} 1 & 0 \\ 0 & 0 \end{bmatrix}, \begin{bmatrix} 0 & 1 \\ 0 & 0 \end{bmatrix}, \begin{bmatrix} 0 & 0 \\ 1 & 0 \end{bmatrix}, \begin{bmatrix} 0 & 0 \\ 0 & 1 \end{bmatrix} \right\}$ é uma base para $M_{2x2}(\Re)$.

21) Verifique se o conjunto $V = \Re^2$, $B = \left\{ \begin{pmatrix} 1 \\ 2 \end{pmatrix}, \begin{pmatrix} 0 \\ 1 \end{pmatrix}, \begin{pmatrix} 3 \\ -4 \end{pmatrix}, \begin{pmatrix} 1 \\ -2 \end{pmatrix} \right\}$

22) Verifique se o conjunto $V = \left\{ \begin{pmatrix} x_1 \\ x_2 \\ x_3 \end{pmatrix} \in \Re^3 / x_1 - 3x_2 - x_3 = 0 \right\}$, $B = \left\{ \begin{pmatrix} 1 \\ 1 \\ -2 \end{pmatrix}, \begin{pmatrix} 0 \\ 1 \\ -3 \end{pmatrix} \right\}$

23) Verifique se o conjunto $V = \left\{ \begin{pmatrix} a & -a \\ b & a-b \end{pmatrix} / a, b \in \Re \right\}$, $B = \left\{ \begin{pmatrix} 1 & -1 \\ 0 & 1 \end{pmatrix}, \begin{pmatrix} 1 & -1 \\ -1 & 2 \end{pmatrix} \right\}$.

Dimensão de um espaço vetorial

Podemos dizer que um espaço vetorial V tem dimensão finita, se uma base de V é um conjunto finito ou V é o espaço nulo.

Quando o espaço não tem dimensão finita, dizemos que ele tem dimensão infinita. No nosso estudo vamos trabalhar com um conjunto finito, assim, vamos considerar uma dimensão finita.

Veja que o conjunto formado pelos vetores {(1, 0), (0, 1)} é a base canônica de $\Re^2$, mas $\Re^2$ pode ter outras bases e essas bases terão a mesma quantidade de elementos. Por exemplo:

$$\{(1, 0), (0, 1)\} \text{ e } \{(1, 1), (1, -1)\}$$

Todas as bases de um mesmo espaço vetorial têm o mesmo número de elementos. Portanto, a dimensão de $\Re^2$ é 2. Usamos a seguinte notação para indicar a dimensão de um conjunto.

$$\dim \Re^2 = 2$$

Seja V um espaço vetorial de dimensão finita, diferente do vetor nulo. Definimos a dimensão de V através do número de elemento de uma de suas bases e denotamos por

$$\dim V \text{ e } \dim \{0\} = 0$$

EXEMPLOS

1) $\dim \Re = 1$
2) $\dim \Re^2 = 2$
3) $\dim \Re^3 = 3$
4) $\dim \Re^n = n$
5) $\dim M_{2\times 2}(\Re) = 2.2 = 4$, pois $\dim M_{n\times n}(\Re) = m.n$

EXERCÍCIO RESOLVIDO

20) Vamos verificar, nesse exemplo, se o conjunto $(1 + x + x^2, x + x^2, x^2)$ é uma base de P_2.

Solução
Vamos verificar se esse conjunto gera o espaço, e se ele é linearmente independente.

$$ax^2 + bx + c = \lambda_1 (1 + x + x^2) + \lambda_2 (x + x^2) + \lambda_3 x^2$$

Arrumando a equação, encontramos

$ax^2 + bx + c = (\lambda_1 + \lambda_2 + \lambda_3)x^2 + (\lambda_1 + \lambda_2)x + \lambda_1$

A partir da equação acima formamos um sistema de equações.
$$\begin{cases} \lambda_1 + \lambda_2 + \lambda_3 = a \\ \lambda_1 + \lambda = b \\ \lambda_1 = c \end{cases}$$

Resolvendo o sistema, encontramos
$\lambda_3 = a - c - (b - c) \rightarrow \lambda_3 = a - b$
$\lambda_2 = b - c$
$\lambda_1 = c$

Logo, esse conjunto gera P_2, isto é, $[1 + x + x^2, x + x^2, x^2] = P_2$

Agora vamos verificar se o conjunto dado é linearmente independente.
Vamos fazer $\lambda_1(1 + x + x^2) + \lambda_2(x + x^2) + \lambda_3 x^2 = 0x^2 + 0x + 0$

$(\lambda_1 + \lambda_2 + \lambda_3)x^2 + (\lambda_1 + \lambda_2)x + \lambda_1 = 0x^2 + 0x + 0$

A partir da equação acima formamos um sistema de equações.
$$\begin{cases} \lambda_1 + \lambda_2 + \lambda_3 = 0 \\ \lambda_1 + \lambda_2 = 0 \\ \lambda_1 = 0 \end{cases}$$
Resolvendo o sistema encontramos apenas a solução trivial $\lambda_1 = \lambda_2 = \lambda_3 = 0$.
Logo, o conjunto dado é uma base de P_2.

Qual é a dimensão de P_2?

dim P_2 = 3 vetores
$\{1 + x + x^2, x + x^2, x^2\}$ é a base de P_2

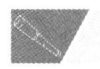

OBSERVAÇÃO

dim $P_n = n + 1$

EXERCÍCIOS DE FIXAÇÃO

24) Determine a dimensão do espaço vetorial $\{(x, y, z) \in \Re^3 \,/\, y = 2x\}$

25) Determine a dimensão do espaço vetorial $\{(x, y) \in \Re^2 \,/\, x + y = 0\}$

26) Determine a dimensão do espaço solução do sistema W abaixo:
$$\begin{cases} x - y - z - t = 0 \\ 2x + y + t = 0 \\ z - t = 0 \end{cases}$$

27) DeterminE a dimensão do subespaço vetorial de $M_{2x2}(\Re)$.

$$\left\{ \begin{pmatrix} x & y \\ z & w \end{pmatrix} / y = x + z \right\}$$

4.6 Posto e nulidade

Posto

Vamos definir posto de uma matriz A (ou característica de uma matriz) como sendo o número de linhas (ou colunas) linearmente independente. Também podemos dizer que o posto de uma matriz A é o número de linhas não nulas de uma matriz reduzida à forma escalonada.

Notação: Posto (A)

Agora vamos ver como determinar o posto de uma matriz A.

Podemos usar o método de Gauss para determinar o posto da matriz A. Lembramos que o método consiste em transformar uma matriz dada inicialmente em outra através de operações elementares entre as linhas da matriz. No final da operação teremos uma nova matriz reduzida à forma escalonada. Em seguida eliminamos as linhas (ou colunas) onde os elementos são nulos.

O posto da matriz A é representado pelo número de linhas com algum elemento diferente de zero.

Exemplificando

1) Determine o posto da matriz A.

$$A = \begin{bmatrix} 1 & 0 & -1 & 2 & -1 \\ 0 & 1 & 1 & -1 & 0 \\ 1 & 0 & 0 & 1 & 1 \end{bmatrix}$$

Aplicando o método de Gauss na matriz A, obtemos uma matriz à forma escalonada.

$$A = \begin{bmatrix} 1 & 0 & -1 & 2 & -1 \\ 0 & 1 & 1 & -1 & 0 \\ 0 & 0 & 1 & -1 & 1 \end{bmatrix}$$

Note que a matriz não possui nenhuma linha nula. Logo, o Posto(A) = 3.

2) Determine o posto da matriz A.

$$A = \begin{bmatrix} 2 & 5 \\ -2 & 1 \end{bmatrix}$$

Aplicando o método de Gauss na matriz A, obtemos uma matriz à forma escalonada.

$$A = \begin{bmatrix} 2 & 5 \\ 0 & 6 \end{bmatrix}$$

Note que a matriz não possui nenhuma linha nula. Logo, o Posto(A) = 2.

EXERCÍCIOS RESOLVIDOS

21) Determine o posto da matriz A.

$$A = \begin{bmatrix} 1 & 0 & 14/9 \\ 0 & 1 & 1/4 \\ 0 & 0 & 0 \\ 0 & 0 & 0 \end{bmatrix} \begin{matrix} \\ \\ \longrightarrow \text{linha nula} \\ \longrightarrow \text{linha nula} \end{matrix}$$

Solução

Observe que na matriz A temos duas linhas nulas. O posto de uma matriz é o número de linhas não nulas numa matriz reduzida à forma escalonada. Logo, o Posto(A) = 2 (linhas não nulas)

22) Determine o posto da matriz A.

$$A = \begin{bmatrix} 2 & 1 & 10 \\ 0 & 1 & 1/4 \\ 1 & 2 & 0 \\ 1 & 3 & 0 \end{bmatrix}$$

Aplicando o método de Gauss na matriz A, obtemos uma matriz à forma escalonada.

$$A = \begin{bmatrix} 2 & 1 & 10 \\ 0 & 1 & 1/4 \\ 0 & 0 & -43/8 \\ 0 & 0 & 0 \end{bmatrix}$$

Observe que na matriz A temos apenas uma linha nula. Logo, o Posto(A) = 3 (linhas não nulas)

EXERCÍCIOS DE FIXAÇÃO

28) Determine o posto da matriz A.

$$A = \begin{bmatrix} 1 & 2 & 1 & 0 \\ -1 & 0 & 3 & 5 \\ 2 & -2 & 1 & 1 \end{bmatrix}$$

29) Determine o posto da matriz A.

$$A = \begin{bmatrix} 2 & -1 & 3 & 1 \\ 4 & 2 & 1 & -5 \\ 1 & 4 & 16 & 8 \end{bmatrix}$$

Nulidade

Nulidade de uma matriz A é dada por n – p, onde n é o número de colunas da matriz A e p é o posto da matriz A.

Notação: Nul (A)

Exemplificando

1) Determine a nulidade da matriz A.

$$A = \begin{bmatrix} 1 & 0 & -1 & 2 & -1 \\ 0 & 1 & 1 & -1 & 0 \\ 1 & 0 & 0 & 1 & 1 \end{bmatrix}$$

Posto(A) = 3
Número de colunas: n = 5
Nul (A) = 5 − 3 = 2

2) Determine a nulidade da matriz A.

$$A = \begin{bmatrix} 2 & 5 \\ -2 & 1 \end{bmatrix}$$

Solução

$$A = \begin{bmatrix} 2 & 5 \\ 0 & 6 \end{bmatrix}$$

Posto(A) = 2
Número de colunas: n = 2
Nul (A) = 2 − 2 = 0

EXERCÍCIOS RESOLVIDOS

23) Determine a nulidade da matriz A.

$$A = \begin{bmatrix} 1 & 0 & 14/9 \\ 0 & 1 & 1/4 \\ 0 & 0 & 0 \\ 0 & 0 & 0 \end{bmatrix}$$

Solução
Posto(A) = 2
Número de colunas: n = 3
Nul (A) = 3 − 2 = 1

24) Determine a nulidade da matriz A.

$$A = \begin{bmatrix} 2 & 1 & 10 \\ 0 & 1 & 1/4 \\ 1 & 2 & 0 \\ 1 & 3 & 0 \end{bmatrix}$$

Solução

$$A = \begin{bmatrix} 2 & 1 & 10 \\ 0 & 1 & 1/4 \\ 0 & 0 & -43/8 \\ 0 & 0 & 0 \end{bmatrix}$$

Posto(A) = 3
Número de colunas: n = 3
Nul (A) = 3 − 3 = 0

EXERCÍCIOS DE FIXAÇÃO

30) Determine a nulidade da matriz **A**.

$$A = \begin{bmatrix} 1 & 2 & 1 & 0 \\ -1 & 0 & 3 & 5 \\ 1 & -2 & 1 & 1 \end{bmatrix}$$

31) Determine a nulidade da matriz **A**.

$$A = \begin{bmatrix} 2 & -1 & 3 & 1 \\ 4 & 2 & 1 & -5 \\ 1 & 4 & 16 & 8 \end{bmatrix}$$

Teorema (Teorema de Rouché Capelli)

O teorema de Rouché Capelli analisa a solução de um sistema de equações lineares Ax = b, com m equações e n variáveis, através dos postos da matriz dos coeficientes e através do posto da matriz ampliada. Vamos considerar (A, B) a matriz aumentada de A pela matriz B. O teorema diz o seguinte:

Se A é uma matriz mxn e B é uma matriz m x 1, então valem as seguintes implicações:

Posto (A) = Posto (A,B) = n → SPD – Sistema possível e determinado (possui uma única solução);

Posto (A) = Posto (A,B) < n → SPI – Sistema possível e indeterminado (possui infinitas soluções);

Posto (A) < Posto (A,B) = n → SI – Sistema impossível (não possui solução).

EXERCÍCIO RESOLVIDO

25) Classifique o sistema linear (SPD, SPI ou SI).

$$\begin{cases} 2x - y + z = 4 \\ x + 2y + z = 1 \\ x + y + 2z = 3 \end{cases}$$

Solução

Matriz A (matriz dos coeficientes)

$A = \begin{bmatrix} 2 & 1 & 1 \\ 1 & 2 & 1 \\ 1 & 1 & 2 \end{bmatrix} \Rightarrow$ Matriz escalonada $A = \begin{bmatrix} 1 & 1 & 2 \\ 0 & 1 & 1 \\ 0 & 0 & -4 \end{bmatrix}$ Posto (A) = 3

Matriz aumentada (A, B)

$(A, B) = \begin{bmatrix} 2 & 1 & 1 & 4 \\ 1 & 2 & 1 & 1 \\ 1 & 1 & 2 & 3 \end{bmatrix} \Rightarrow$ Matriz escalonada $(A, B) = \begin{bmatrix} 1 & 1 & 2 & 3 \\ 0 & 1 & -1 & -2 \\ 0 & 0 & -4 & -4 \end{bmatrix}$ Posto (A, B) = 3

Posto (A) = Posto de (A, B) = 3 = n, onde n é o número de variáveis do sistema. Portanto, o sistema é SPD, ou seja, sistema possível e determinado.

EXERCÍCIOS DE FIXAÇÃO

32) Classifique o sistema linear (SPD, SPI ou SI).

$$\begin{cases} -x - y + z = 0 \\ 2x + y + z = 1 \\ 5x + 4y - 2z = 1 \end{cases}$$

33) Classifique o sistema linear (SPD, SPI ou SI).

$$\begin{cases} -2x + y + z = 1 \\ x - 2y + z = 1 \\ x + y - 2z = 1 \end{cases}$$

34) Determine m de modo que o posto da matriz A seja igual a 2.

$A = \begin{bmatrix} 1 & m & -1 \\ 2 & m & 2m \\ -1 & 2 & 2 \end{bmatrix}$

REFERÊNCIAS BIBLIOGRÁFICAS

BOLDRINI, J.L., COSTA, Sueli I. R., FIGUEIREDO, Vera Lucia, WETZLER, Henry G. *Álgebra linear*. 3. ed. São Paulo: Ed. Harbra, 1989.

CARLEN, Eric A.; CARVALHO, Maria C., *Álgebra linear*. Rio de Janeiro: LTC, 2006.

LAY, David C. *Álgebra linear e suas aplicações*. 2. ed. Rio de Janeiro: LTC, 1999.

LIPSCHUTZ, Seymour. *Álgebra linear: teoria e problemas*. 3. ed. rev. ampl. São Paulo: Makron, 1994.

POOLE, D. *Álgebra linear*. Rio de Janeiro: Pioneira Thompson, 2004.

STEINBRUCH, A. e WINTERLE, P. *Álgebra linear*. São Paulo: Makron Books, 1987.

IMAGENS DO CAPÍTULO

Desenhos, gráficos e tabelas cedidos pelo autor do capítulo.

GABARITO

4.2 Espaço vetorial

1) W é subespaço
2) W é subespaço
3) W não é subespaço
4) W é subespaço
5) W não é subespaço
6) W é subespaço

4.3 Combinação linear

7) é combinação linear ($w = 3u - v$)
8) não é combinação linear
9) não é combinação linear
10) é combinação linear ($p(x) = 3p_1(x) + 2p_2(x) + p_3(x)$)
11) $[u, v, w] = \Re^3$
12) $\{(0, 1, 0), (-2, 0, 1)\}$ conjunto dos geradores de W.

4.4 Dependência e independência linear

13) LI
14) LD
15) LI
16) LD
17) $k \neq -3$

4.5 Base e dimensão de um subespaço vetorial

18) O conjunto de vetores é uma base de $\Re^3$.
19) O conjunto de vetores não é base de $\Re^3$.
20) O conjunto de vetores é uma base de $M_{2x2}(\Re)$.
21) O conjunto de vetores não é uma base de $\Re^2$.
22) O conjunto de vetores não é uma base de $\Re^3$, mas é uma base de V.
23) O conjunto de vetores não é uma base de $M_{2x2}(\Re)$, mas é uma base de V.
24) dim = 2 base B = {(0, 0, 1), (1, 2, 0)}
25) dim = 1 base B = {(1, −1)}
26) dim = 1 base B = {1, −5, 3, 3}
27) dim = 3 base B = $\left\{ \begin{bmatrix} 1 & 1 \\ 0 & 0 \end{bmatrix}, \begin{bmatrix} -1 & 0 \\ 1 & 0 \end{bmatrix}, \begin{bmatrix} 0 & 0 \\ 0 & 1 \end{bmatrix} \right\}$

4.6 Posto e nulidade

28) Posto de A = 3
29) Posto de A = 3
30) Nulidade de A = 1
31) Nulidade de A = 1
32) Posto (A) = Posto (B) = 2 < n, SPI (sistema possível e indeterminado)
33) Posto (A) < Posto (AB) SI (sistema impossível)
34) m = −2

5. Transformadas lineares

GLÓRIA DIAS

5. Transformadas lineares

COMENTÁRIO

Estudo de funções

No estudo de funções, mais especificamente, no cálculo diferencial e integral, temos o operador (transformada) diferencial $\mathcal{D}$ que leva a função real f contínua, definida em um intervalo [a, b] na sua função derivada f. $\mathcal{D}$ é um operador linear, visto que as duas propriedades da função derivada, válidas para toda função f e g contínuas, definida em um intervalo [a, b] e para todo escalar k, que são:

(i) $\mathcal{D}(k\,f) = k\,\mathcal{D}(u)$
(ii) $\mathcal{D}(f + g) = \mathcal{D}(f) + \mathcal{D}(g)$

são as mesmas da transformada linear.

OBJETIVOS

- Definir o conceito de transformadas lineares.
- Identificar se uma transformada é linear.
- Identificar a matriz canônica de uma transformação linear.
- Identificar o núcleo e a imagem da transformada linear.
- Resolver problemas com a aplicação do conceito.

5.1 Introdução

Transformada linear ou transformação linear é uma classe especial de funções fundamentais na álgebra linear, envolvendo correspondências entre espaços vetoriais que transformam vetores. Em particular, as transformadas lineares de $\Re^n$ em $\Re^m$ aparecem em muitas aplicações da matemática na engenharia, nas ciências físicas, na economia e nas ciências sociais.

Sendo uma classe de função, na transformada linear T, de $\Re^n$ em $\Re^m$, T é a lei de formação da função que associa a cada vetor do $\Re^n$, um único vetor do $\Re^m$. O vetor X do $\Re^n$ é, então a variável independente de T, e a variável dependente é o vetor T(X) em $\Re^m$, chamado imagem do vetor X.

Desse modo, tal como no **_estudo de funções_**, o conjunto $\Re^n$ é chamado de Domínio de T, o conjunto $\Re^m$ é chamado de Contradomínio, e o conjunto das imagens de todos os vetores é o conjunto Imagem de T. Escrevemos, então,

$$T(X); T : \Re^n \to \Re^m$$

O mesmo conceito é estendido para espaços vetoriais quaisquer, e não apenas para espaços vetoriais euclidianos. Desse modo, temos por definição

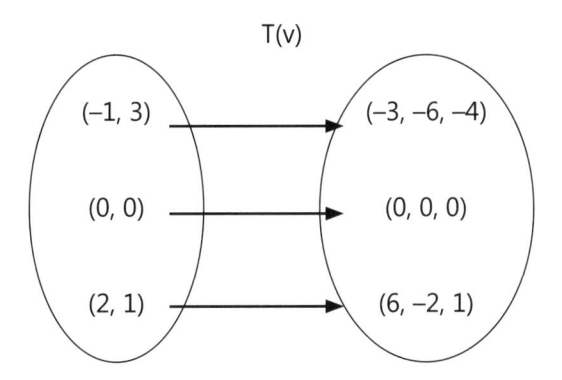

T(v)

(−1, 3) → (−3, −6, −4)
(0, 0) → (0, 0, 0)
(2, 1) → (6, −2, 1)

DEFINIÇÃO

Uma transformação linear T de um espaço vetorial V em outro espaço vetorial W é uma lei que associa a cada vetor v, em V, um único vetor w = T(v) em W, tal que

(i) T(k u) = kT(u), para todo escalar k

(ii) T(u + v) = T(u) + T(v), para todo vetor u e v em V

O conjunto dos vetores w ∈ W que são imagens de v ∈ V por T, chamado de imagem de T, é denotado por Im(T) ⊂ W.

Propriedades

1. Uma transformada linear T:V → W se diz *injetora* se, e somente se,

$$\forall\ u,v \in V, T(u) = T(v) \Rightarrow u = v$$

2. Uma transformada linear T:V → W se diz *sobrejetora* se, e somente se,
Im(T) isto é, ∀ w ∈ W existe v ∈ V tal que T(v) = w

3. Uma transformada linear T:V → W se diz *bijetora* se, e somente se,
T é *injetora* e *sobrejetora*.

> **? CURIOSIDADE**
>
> Transformadas Matriciais
>
> Criptografia é uma técnica de codificar e decodificar mensagens secretas existente desde a Antiguidade Grega. Um código muito simples é associar a cada tipo de letra do alfabeto um número diferente, porém um código assim construído é facilmente decifrável devido à frequência com que a letra ocorre.
>
> Um modo de dificultar a decodificação é, além de associar números às letras, agrupar números em vetores, em seguida multiplicar cada um destes vetores por uma determinada matriz, isto é, criar uma *transformada matricial* para os vetores criados por um código.

Você deve se lembrar destes conceitos vistos no estudo de funções, mas se não lembra, é um bom momento para relembrar. Exemplos da definição e das propriedades de transformadas lineares surgiram no decorrer do texto, porém, por uma questão didática, iniciaremos o tema por transformadas matriciais e transformadas lineares de $\Re^n$ em $\Re^m$.

5.2 Transformadas matriciais e transformadas lineares de $\Re^n$ em $\Re^m$

Transformadas matriciais são transformações associadas a multiplicação com matrizes, escrita na forma T(X) = AX, isto é, a regra da transformação de um vetor é a multiplicação deste por uma matriz tal que, para cada vetor X do $\Re^n$, escrito na forma de matriz coluna n x 1, T(X) é dada por AX, onde A é uma matriz m x n, o que permite escrever, em notação de função, X → AX.

Observe que o resultado da multiplicação de A por X, é um vetor do $\Re^m$, escrito na forma de matriz coluna m x 1.

> **★ EXEMPLO**
>
> Seja T:$\Re^3 \to \Re^2$ tal que T(X) = AX, onde $A = \begin{bmatrix} 1 & 0 & 5 \\ -2 & 1 & 5 \end{bmatrix}$ e $X = \begin{bmatrix} -1 \\ 3 \\ 2 \end{bmatrix}$, a imagem de X por T é encontrada por
>
> $$T(X) = AX \Rightarrow \begin{bmatrix} 1 & 0 & 5 \\ -2 & 1 & 5 \end{bmatrix} \begin{bmatrix} -1 \\ 3 \\ 2 \end{bmatrix} =$$
>
> $$= \begin{bmatrix} -1.1 + 3.0 + 2.5 \\ -1.(-2) + 3.1 + 2.5 \end{bmatrix} = \begin{bmatrix} -1 + 0 + 10 \\ 2 + 3 + 10 \end{bmatrix} = \begin{bmatrix} 9 \\ 15 \end{bmatrix}$$

Observe que, se A é uma matriz m x n, a transformada matricial T(X) = AX tem as propriedades das operações com matrizes.

Exemplo de aplicação

Uma indústria produz dois artigos identificados por P_1 e P_2. No custo de produção da cada artigo são considerados três itens: custo de mão de obra; custo da matéria-prima e custo do processo de produção. Estes custos, expressos em reais, foram organizados em uma tabela:

CUSTO / ARTIGO	P_1	P_2
Mão de obra	12	10
Matéria-prima	7	5
Processo de produção	2	1.8

Considere o vetor (x, y) como sendo o vetor produção correspondente a x unidades produzidas do artigo P_1 e y unidades produzidas do artigo P_2.

Definimos a transformada T que transforma a lista de quantidades produzidas dos dois artigos em uma lista de custos totais de cada artigo. Organizados em forma de matriz, temos:

Vetor produção: $(x, y) = \begin{bmatrix} x \\ y \end{bmatrix}$ e Matriz custos totais: $A = \begin{bmatrix} 12 & 10 \\ 7 & 5 \\ 2 & 1.8 \end{bmatrix}$

$$T(x, y) = T\left(\begin{bmatrix} x \\ y \end{bmatrix}\right) = \begin{bmatrix} 12 & 10 \\ 7 & 5 \\ 2 & 1.8 \end{bmatrix} \begin{bmatrix} x \\ y \end{bmatrix} = \begin{bmatrix} 12x + 10y \\ 7x + 5y \\ 2x + 1.8y \end{bmatrix}$$

Caso a indústria queira aumentar a produção em 30%, o equivalente a multiplicar as quantidades produzidas por 1.3, teremos o vetor produção multiplicado por este fator, passando a ter um novo vetor produção. A transformada T deste novo vetor é escrita na forma T(1.3 (x, y)).

Pela propriedade das operações com matrizes referente à multiplicação por escalar, para obter a nova matriz custos totais, basta fazer:

$$T(1.3\,(x, y)) = 1.3\,T(x, y) = 1.3 \begin{bmatrix} 12x + 10y \\ 7x + 5y \\ 2x + 1.8y \end{bmatrix}$$

⚠ ATENÇÃO

Do exposto anteriormente, temos que,

se T é uma *transformada matricial*, T(X) = AX

> (i) Para todo número real (escalar) k, T(k X) = A kX = k AX = k T(X)
> (ii) Para quaisquer vetores X e Y ∈ R^n, T(X + Y) = A (X+Y)= AX+AY ⇒
> T(X + Y) = T(X) + T(Y)

📖 EXERCÍCIOS RESOLVIDOS

1) Considere a transformada T(X) = AX. Encontre o vetor X, sabendo que

$$A = \begin{bmatrix} \cos\frac{\pi}{2} & \sen\frac{\pi}{2} \\ -\sen\frac{\pi}{2} & \cos\frac{\pi}{2} \end{bmatrix} \text{ e } T(X) = \begin{bmatrix} 4 \\ 2 \end{bmatrix}$$

Solução

Sendo $A_{2\times2}$ e $T(X)=B_{2\times1}$, fazemos $X_{2\times1} = \begin{bmatrix} x \\ y \end{bmatrix}$. Temos, então:

$$A = \begin{bmatrix} \cos\frac{\pi}{2} & \sen\frac{\pi}{2} \\ -\sen\frac{\pi}{2} & \cos\frac{\pi}{2} \end{bmatrix} = \begin{bmatrix} 0 & 1 \\ -1 & 1 \end{bmatrix} \Rightarrow AX = \begin{bmatrix} 0 & 1 \\ -1 & 1 \end{bmatrix}\begin{bmatrix} x \\ y \end{bmatrix} = \begin{bmatrix} 4 \\ 2 \end{bmatrix}$$

Efetuando a multiplicação:

$$AX = \begin{bmatrix} 0x + 1y \\ -1x + 1y \end{bmatrix} = \begin{bmatrix} 4 \\ 2 \end{bmatrix} \Rightarrow \begin{bmatrix} y \\ -x + y \end{bmatrix} = \begin{bmatrix} 4 \\ 2 \end{bmatrix} \Rightarrow y = 4 \text{ e } x = 2 \therefore X = \begin{bmatrix} 4 \\ 2 \end{bmatrix}$$

2) Verifique se $B = \begin{bmatrix} -13 \\ 32 \\ 1 \end{bmatrix}$ está na imagem de T = AX, sendo $A = \begin{bmatrix} 2 & -3 \\ 8 & 0 \\ -5 & 3 \end{bmatrix}$

Solução

Sendo $A_{3\times2}$ e $T(X) = B_{3\times1}$, fazemos $X_{2\times1} = \begin{bmatrix} x \\ y \end{bmatrix}$. Temos, então:

$$\begin{bmatrix} 2 & -3 \\ 8 & 0 \\ -5 & 3 \end{bmatrix}\begin{bmatrix} x \\ y \end{bmatrix} = \begin{bmatrix} -13 \\ 32 \\ 1 \end{bmatrix} \Rightarrow \begin{bmatrix} 2x - 3y \\ 8x + 0y \\ -5x + 3y \end{bmatrix} = \begin{bmatrix} -13 \\ 32 \\ 1 \end{bmatrix}$$

Resolvendo o sistema equivalente, encontramos $\begin{bmatrix} x \\ y \end{bmatrix} = \begin{bmatrix} 4 \\ 7 \end{bmatrix}$

(Verifique a resolução do sistema)

Transformadas lineares T:$R^n \to R^m$

Vimos que, por definição, uma transformada T é classificada como sendo uma transformada linear se, para todo vetor u e v do domínio de T e para todo escalar k

(*i*) T(k u) = k T(u)

(*ii*) T(u+v) = T(u) + T(v)

Vimos, também, que toda transformada matricial atende à definição de transformada linear.

! ATENÇÃO

Nem toda transformada linear é uma transformada matricial.

As transformadas lineares preservam as operações com vetores, isto é, as operações de multiplicação de um vetor por um escalar e soma de vetores, o que nos leva aos fatos de que:

$T(k_1 u + k_2 v) = k_1 T(u) + k_2 T(v)$; sendo k_1 e k_2 escalares.

$T(O) = T(0\,u) = 0\,T(u) = O$, sendo O o vetor nulo do R^n e do R^m, respectivamente.

No caso em que m = n, a transformada T:$R^n \to R^n$ é chamada um *operador de* R^n.

Da definição de T linear, conhecendo a transformada de um número finito de vetores, é possível determinar a transformada de qualquer combinação linear destes vetores.

★ EXEMPLO

Seja T:$R^3 \to R^2$ uma transformada linear que leva o vetor u = (2, 0 4) em (1, 3) e o vetor v = (3, 7, 1) em (0, 4).

Usando o fato de T ser linear, mesmo sem conhecer as leis de transformação das componentes dos vetores, temos que as imagens, por T, dos vetores: (a) 2u, (b) 3v e (c) 2u − 3v são, respectivamente:

(a) T(2u) = 2 T(u) = 2(1, 3) = (2, 6)

(b) T(3v) = 3 T(v) = 3 (0, 4) = (0, 12)

(c) T(2u – 3v) = 2 T(u) – 3 T(v) = (2, 6) – (0,12) = (2, –6)

Em particular, as transformações lineares do R^n no R^m podem ser escritas na forma de transformadas matriciais, isto é, na forma T(X) = AX, porém, sendo uma transformada, isto é, uma classe de função da álgebra linear, é comum que a lei de transformação dos vetores seja escrita na forma de função, uma para cada componente do vetor. Mas como saber se as transformações definidas por leis de formação são, de fato, transformadas lineares?

Antes de determinar se as transformadas são lineares, vamos considerar dois exemplos de transformações usando leis de transformação para as componentes dos vetores.

⭐ EXEMPLO

Para as transformadas (1) e (2) abaixo indicadas, encontre as imagens do vetor X = (1, –2)

1) $T: R^2 \to R^3$ tal que $T(x, y) = (x^2 - y^2, x + y, 3xy)$
   $T(1, -2) = (1^2 - (-2)^2, 1 + (-2), 3.1(-2)) = (-3, -1, -6)$

2) $T: R^2 \to R^3$ tal que $T(x, y) = (x + 2y, -x - 3y, 3x + 2y)$
   $T(1, -2) = (1 + 2(-2), -1 - 3(-2), 3.1 + 2(-2)) = (-3, 5, 1)$

Uma das maneiras de determinar se T é linear, é verificar se, para todos os vetores u e v do domínio de T (nos exemplos do R^2) e para todo escalar k, as condições da definição, abaixo indicadas, são verificadas.

(i) T(k u) = k T(u)
(ii) T(u + v) = T(u) + T(v)

Um trabalho árduo!

Uma outra forma, bem mais simples, aplicada a qualquer transformação do R^n para o R^m, decorre do fato de que as transformadas lineares preservam as operações com vetores, como visto na própria definição. Assim, basta verificar se as funções de transformação das componentes do vetor X = ($x_1, x_2, ..., x_n$), do R^n, no vetor W = ($w_1, w_2, ..., w_m$), do R^m, são escritas, cada uma delas, por equações na forma:

$$w_1 = a_{11}x_1 + a_{12}x_2 + \cdots + a_{1n}x_n$$
$$w_2 = a_{12}x_1 + a_{22}x_2 + \cdots + a_{2n}x_n$$
$$\vdots$$
$$w_m = a_{m1}x_1 + a_{m2}x_2 + \cdots + a_{mn}x_n$$

Parece confuso, mas se observar com atenção verá que é a mesma expressão geral das m equações de um sistema linear de n incógnitas, substituindo b_i por w_i, i = 1, 2, ..., m. Lembre-se que a expressão geral das **_equações_** lineares é, também, a expressão geral da combinação linear das operações de soma e de multiplicação por escalar que caracteriza todas as operações em sistemas lineares, matrizes e vetores.

> ### ⚠ ATENÇÃO
>
> Equações
>
> Compare as equações de cada transformada com a equação na forma geral e verifique as conclusões tiradas em cada exemplo. Se tiver dificuldade, veja os exercícios resolvidos que seguem.

O sistema, assim formado, determina a transformação do vetor, e escrito em notação matricial tem a forma:

$$T(X) = W = \begin{bmatrix} w_1 \\ w_2 \\ \vdots \\ w_m \end{bmatrix} = \begin{bmatrix} a_{11} & a_{12} & \cdots & a_{n1} \\ a_{21} & a_{22} & \cdots & a_m \\ & & \ddots & \\ a_{m1} & a_{m2} & \cdots & a_{mn} \end{bmatrix} \cdot \begin{bmatrix} x_1 \\ x_2 \\ \vdots \\ x_n \end{bmatrix}$$

o que nos permite escrever T(X) = AX, isto é, escrever a transformada linear do R^n no R^m como uma transformada matricial, onde os vetores X e W passam a ser escritos na forma de matriz coluna. As transformações acima passam, agora, a novos exemplos.

⭐ EXEMPLOS

1) $T(x, y) = (x^2 - y^2, x + y, 3xy)$
    $w_1 = x^2 - y^2$
    $w_2 = x + y$
    $w_3 = 3xy$

as funções w_1 e w_3 de transformação para o vetor de R^3 não são da forma de

$$w_i = a_{i1}x_1 + a_{i2}x_2 + \cdots + a_{in}x_n \quad i = (1, 2, 3, ..., n)$$

Logo, a transformação não é uma transformada linear.

Mas, se quiser verificar a definição

(i) $T(k\,u) = ((kx)^2 - (ky)^2, kx + ky, 3kx\,ky) = (k^2(x^2 - y^2)), k(x+y), 3k^2 xy) \neq$
$\neq k\,T(u) = k(x^2 - y^2, (x+y), 3xy) = (k(x^2 - y^2), k(x+y), 3k\,xy)$

Tendo falhado a primeira condição, não é necessário verificar a segunda condição.

2) $T(x, y) = (x + 2y, -x - 3y, 3x + 2y)$
   $w_1 = x + 2y$
   $w_2 = -x - 3y$
   $w_3 = 3x + 2y$

Todas as 3 funções de transformação são da forma $w_i = a_{i1} x_1 + a_{i2} x_2 + \cdots + a_{in} x_n$, $i = 1, 2, 3, \ldots, n$
Logo, a transformação é uma transformada linear.

EXERCÍCIOS RESOLVIDOS

Verifique quais transformações abaixo são transformadas lineares:

3) $T: R^3 \to R^2$; $T(x, y, z) = (x + 2y - 1, z)$

Solução

Não é linear, visto que em w_1 aparece a parcela "-1" onde o coeficiente não está multiplicado a nenhuma das componentes de X do R^3, logo não está na forma indicada:

$w_1 = 1x + 2y + 0z + (-1)$

4) $T: R^3 \to R^4$; $T(x, y, z) = (x + 2y, x - 2z + 3, x + z, 0)$

Solução

Não é linear, visto que em w_2 aparece a parcela "$+3$" onde o coeficiente não está multiplicado a nenhuma das componentes de X do R^4, logo não está na forma indicada.

$w_2 = 1x + 0y + (-2)z + 3$

5) $T: R^3 \to R^2$; $T(x, y, z) = (x + 2y, z)$

Solução

É linear, visto que em w_1 e w_2 as parcelas estão na forma indicada.

$w_1 = 1x + 2y + 0z$
$w_2 = 0x + 0y + 1z$

Observe que em w_1 a componente z do R^3 foi multiplicada por zero, em w_2 as componentes x e y do R^3 foram multiplicadas por zero, como é possível acontecer em sistemas de equações lineares. Em notação matricial:

$$T:R^3 \to R^2 \;;\; T(X) = W = \begin{bmatrix} 1 & 2 & 0 \\ 0 & 0 & 1 \end{bmatrix} \begin{bmatrix} x \\ y \\ z \end{bmatrix} = \begin{bmatrix} x + 2y \\ z \end{bmatrix} = \begin{bmatrix} w_1 \\ w_2 \end{bmatrix}$$

6) $T: R^3 \to R^4 \;;\; T(x, y, z) = (x + 2y, x - 2z, x + z, 0)$

Solução

É linear, visto que em todas as componentes w_i as parcelas estão na forma indicada.

$$w_1 = 1x + 2y + 0z$$
$$w_2 = 1x + 0y + (-2)z$$
$$w_3 = 1x + 0y + 1z$$
$$w_4 = 0x + 0y + 0z$$

Em notação matricial:

$$T: R^3 \to R^4 \;;\; T(X) = W = \begin{bmatrix} 1 & 2 & 0 \\ 1 & 0 & -2 \\ 1 & 0 & 1 \\ 0 & 0 & 0 \end{bmatrix} \begin{bmatrix} x \\ y \\ z \end{bmatrix} = \begin{bmatrix} x + 2y \\ x - 2z \\ x + z \\ 0 \end{bmatrix} = \begin{bmatrix} w_1 \\ w_2 \\ w_3 \\ w_4 \end{bmatrix}$$

Operações com transformações lineares

Sejam $T_1: R^n \to R^m$ e $T_2: R^n \to R^m$ transformações lineares e k um escalar.

1) Definimos a soma $(T_1 + T_2):R^n \to R^m$ de T_1 com T_2 por

$$(T_1 + T_2)(v) = T_1(v) + T_2(v), \forall v \in R^n$$

2) Definimos a multiplicação $kT_1: R^n \to R^m$ de T_1 por k como sendo

$$(k\, T_1)(v) = k\, (T_1(v)), \forall v \in R^n$$

3) Definimos a composição $(T_2 \circ T_1):R^n \to R^m$ de $T_1:R^n \to R^p$ com $T_2:R^p \to R^m$, por

$$(T_2 \circ T_1)(v) = T_2(T_1(v)), \forall v \in R^n$$

A composição de transformações é chamada de **_transformada composta_**.

> **OBSERVAÇÃO**
>
> Transformada composta
> Exemplo e exercício com transformada composta serão vistos posteriormente. Aguarde.

EXERCÍCIO RESOLVIDO

7) Sejam $T_1: \mathbb{R}^3 \to \mathbb{R}^2$ e $T_2: \mathbb{R}^3 \to \mathbb{R}^2$ transformações lineares definidas por:

$T_1(x, y, z) = (x, y - z)$, $T_2(x, y, z) = (x + y, z)$.

Determine as transformações abaixo:
a) $T_1 + T_2$
b) $2T_1 - 3T_2$

Soluções

a) $(T_1 + T_2)(x, y, z) = T_1(x, y, z) + T_2(x, y, z) = (x, y - z) + (x + y, z) \Rightarrow$
$(T_1 + T_2)(x, y, z) = (x + x + y, y - z + z) = (2x + y, y)$

b) $(2T_1 - 3T_2)(x, y, z) = 2T_1(x, y, z) - 3T_2(x, y, z) = 2(x, y - z) - 3(x + y, z) \Rightarrow$
$(2T_1 - 3T_2)(x, y, z) = (2x, 2y - 2z) - (3x + 3y, 3z) \Rightarrow$
$(2T_1 - 3T_2)(x, y, z) = (2x - 3x - 3y, 2y - 2z - 3z) = (-x - 3y, 2y - 5z)$

EXERCÍCIOS DE FIXAÇÃO

1) Seja A uma matriz 2 x 5. Quais os valores de **m** e **n** de modo que T: $\mathbb{R}^n \to \mathbb{R}^m$, possa ser definido por T(X) = AX?

2) Sejam $w = \begin{bmatrix} 1 \\ -1 \\ 7 \end{bmatrix}$ e $A = \begin{bmatrix} 1 & 3 & 4 & -3 \\ 0 & 1 & 3 & -2 \\ 3 & 7 & 6 & -5 \end{bmatrix}$. O vetor w está na imagem de T(X) = AX? Justifique a sua resposta.

3) Defina T por T(X) = AX, encontre um vetor X cuja imagem por T é w, sendo $w = \begin{bmatrix} 5 \\ 9 \\ 4 \end{bmatrix}$ e $A = \begin{bmatrix} 1 & 2 & -1 \\ 2 & 3 & 1 \\ 0 & 3 & -8 \end{bmatrix}$.

4) Verifique quais transformadas são lineares.
a) T: $\mathbb{R} \to \mathbb{R}^3$; T(x) (x, −3)
b) T: $\mathbb{R}^3 \to \mathbb{R}^2$; T(x, y, z) = (z, y + x)
c) T: $\mathbb{R}^3 \to \mathbb{R}^3$; (x, y, z) = (2x − y, 0, 0)
d) T: $\mathbb{R}^2 \to \mathbb{R}^2$; T(x, y) = ($2x^2$, y + x)
e) T: $\mathbb{R}^3 \to \mathbb{R}$; T(x, y, z) = (2x + y − 3z)

5) Seja T: $\mathbb{R}^2 \to \mathbb{R}^2$ uma transformação linear que leva u = (1, 3) em (0, 2) e v = (2, 5) em (−1, 4). Encontre $T\left(u + \dfrac{v}{2}\right)$.

5.3 A matriz de uma transformada linear

Sabendo que toda transformada do R^n para o R^m é uma transformada matricial, propriedades importantes de T estão intimamente relacionadas a propriedades da matriz A, dizemos, então:

Se T: $R^n \to R^m$ é linear, T(X) = AX, e a matriz A é chamada de matriz canônica para a transformada linear T.

Nos exercícios resolvidos (3) e (4) (página 140) temos, respectivamente:

$$T: \Re^3 \to \Re^2 \; ; \; T(X) = W = \begin{bmatrix} 1 & 2 & 0 \\ 0 & 0 & 1 \end{bmatrix} \begin{bmatrix} x \\ y \\ z \end{bmatrix} = \begin{bmatrix} w_1 \\ w_2 \end{bmatrix}$$

$$\text{matriz canônica } A = \begin{bmatrix} 1 & 2 & 0 \\ 0 & 0 & 1 \end{bmatrix}$$

$$T: \Re^3 \to \Re^4 \; ; \; T(X) = W = \begin{bmatrix} 1 & 2 & 0 \\ 1 & 0 & -2 \\ 1 & 0 & 1 \\ 0 & 0 & 0 \end{bmatrix} \begin{bmatrix} x \\ y \\ z \end{bmatrix} = \begin{bmatrix} x + 2y \\ x - 2z \\ x + z \\ 0 \end{bmatrix} = \begin{bmatrix} w_1 \\ w_2 \\ w_3 \\ w_4 \end{bmatrix}$$

$$\text{matriz canônica } A = \begin{bmatrix} 1 & 2 & 0 \\ 1 & 0 & -2 \\ 1 & 0 & 1 \\ 0 & 0 & 0 \end{bmatrix}$$

Um teorema demonstra que a matriz canônica de T tem como colunas as transformações dos vetores $e_1, e_2, e_3, ..., e_n$ da base canônica de R^n. Temos então, sem demonstração, o teorema escrito na forma de conceito.

CONCEITO

Se T: $R^n \to R^m$ é linear e $e_1, e_2, e_3, ..., e_n$ são vetores da base canônica de R^n, então,

$$A = [T(e_1) \quad T(e_2) \quad T(e_3) \quad ... \quad T(e_n)]$$

é a matriz canônica de T.

Observe que o termo transformada linear focaliza uma característica da transformação, enquanto o termo transformada matricial descreve como esta transformação é executada.

EXEMPLO

Seja T: $R^3 \to R^2$, tal que T(X) = AX, onde $A = \begin{bmatrix} 1 & -2 & 3 \\ 4 & 9 & 8 \end{bmatrix}$. A transformada linear correspondente na forma de equações é dada por:

$$T(X) = \begin{bmatrix} 1 & -2 & 3 \\ 4 & 9 & 8 \end{bmatrix} \begin{bmatrix} x \\ y \\ z \end{bmatrix} = \begin{bmatrix} x - 2y + 3z \\ 4x + 9y + 8z \end{bmatrix} \Longrightarrow T(x, y, z) = (x - 2y + 3z, 4x + 9y + 8z)$$

Transformadas lineares geométricas

Entre as transformadas lineares no R^2 e no R^3, estão as transformações descritas geometricamente, muito utilizadas em computação gráfica, descrevendo modificações em relação à posição de pontos, através das transformações de vetores. Citando alguns exemplos, temos:

1) Reflexões no R^2

- Reflexão em torno do eixo x: matriz canônica $A = \begin{bmatrix} 1 & 0 \\ 0 & -1 \end{bmatrix}$

$$T\left(\begin{bmatrix} x \\ y \end{bmatrix}\right) = \begin{bmatrix} 1 & 0 \\ 0 & -1 \end{bmatrix} \begin{bmatrix} x \\ y \end{bmatrix} = \begin{bmatrix} 1.x + 0.y \\ 0.x + (-1).y \end{bmatrix} = \begin{bmatrix} x \\ -y \end{bmatrix}$$

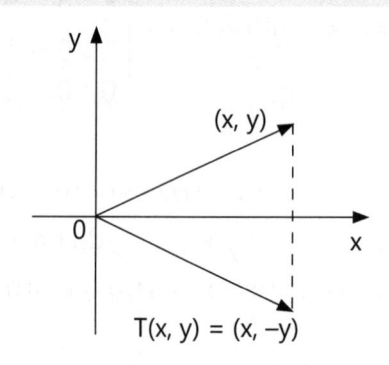

De modo análogo, definimos outras reflexões indicando a matriz canônica da transformada. Transformação e imagem ficam a cargo do aluno como forma de exercício.

- Reflexão em torno do eixo y: matriz canônica $A = \begin{bmatrix} -1 & 0 \\ 0 & 1 \end{bmatrix}$

- Reflexão em torno da reta y = x: matriz canônica $A = \begin{bmatrix} 0 & 1 \\ 1 & 0 \end{bmatrix}$

- Reflexão em torno da reta y = –x: matriz canônica $A = \begin{bmatrix} 0 & -1 \\ -1 & 0 \end{bmatrix}$

2) **Expansão ou contração no R²**

- Expansão ou contração horizontal: matriz canônica $A = \begin{bmatrix} k & 0 \\ 0 & 1 \end{bmatrix}$; $k \in \mathbb{R}^*$

- Expansão ou contração vertical: matriz canônica $A = \begin{bmatrix} 1 & 0 \\ 0 & k \end{bmatrix}$; $k \in \mathbb{R}^*$

Verifique para quais valores de k temos expansão ou contração.

3) **Cisalhamento**

- Cisalhamento horizontal: matriz canônica $A = \begin{bmatrix} 1 & k \\ 0 & 1 \end{bmatrix}$; $k \in \mathbb{R}^*$

EXERCÍCIOS RESOLVIDOS

8) Construa a imagem gráfica do cisalhamento do quadrado unitário definido por $A = \begin{bmatrix} 1 & 2 \\ 0 & 1 \end{bmatrix}$

Solução

O quadrado unitário é determinado pelos vetores $\begin{bmatrix} 1 \\ 0 \end{bmatrix}, \begin{bmatrix} 0 \\ 1 \end{bmatrix}$ e $\begin{bmatrix} 1 \\ 1 \end{bmatrix}$, diagonal do quadrado. Temos, então, que encontrar as transformadas destes dois vetores por A.

$$T\left(\begin{bmatrix} 1 \\ 0 \end{bmatrix}\right) = \begin{bmatrix} 1 & 2 \\ 0 & 1 \end{bmatrix}\begin{bmatrix} 1 \\ 0 \end{bmatrix} = \begin{bmatrix} 1 \\ 0 \end{bmatrix}, T\left(\begin{bmatrix} 0 \\ 1 \end{bmatrix}\right) = \begin{bmatrix} 1 & 2 \\ 0 & 1 \end{bmatrix}\begin{bmatrix} 0 \\ 1 \end{bmatrix} = \begin{bmatrix} 2 \\ 1 \end{bmatrix} \text{ e } T\left(\begin{bmatrix} 1 \\ 1 \end{bmatrix}\right) = \begin{bmatrix} 1 & 2 \\ 0 & 1 \end{bmatrix}\begin{bmatrix} 1 \\ 1 \end{bmatrix} = \begin{bmatrix} 3 \\ 1 \end{bmatrix}$$

Graficamente:

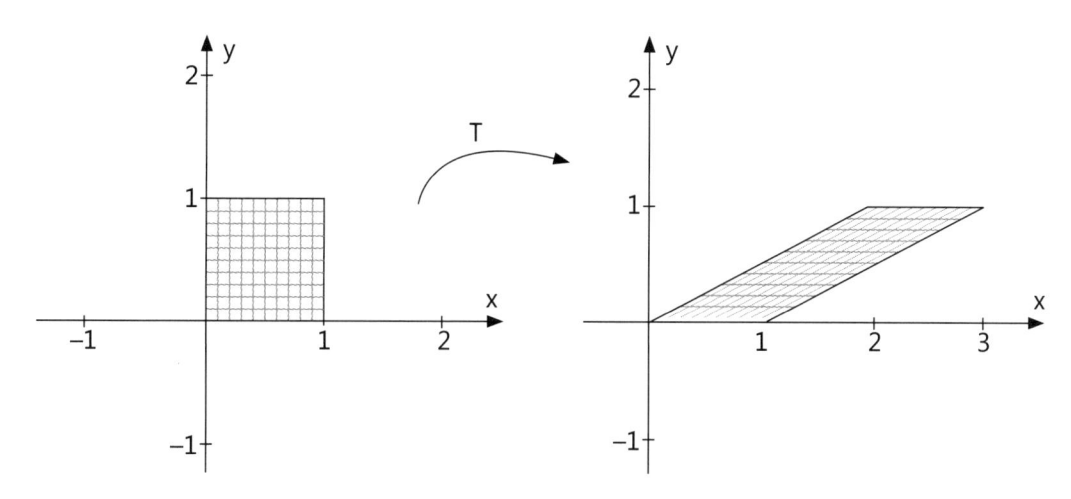

Cisalhamento vertical: matriz canônica $A = \begin{bmatrix} 1 & 0 \\ k & 1 \end{bmatrix}$; $k \in \mathbb{R}^*$

9) Construa a imagem gráfica do cisalhamento do quadrado de vértices: A(0, 0), B(4, 0), C(4, 4) e D(0, 4) definido por $A = \begin{bmatrix} 1 & 0 \\ 2 & 1 \end{bmatrix}$.

Solução

O quadrado de lado com 4 u.c. (unidades de comprimento) é determinado pelos vetores $\begin{bmatrix} 4 \\ 0 \end{bmatrix}$, $\begin{bmatrix} 0 \\ 4 \end{bmatrix}$ e $\begin{bmatrix} 4 \\ 4 \end{bmatrix}$ diagonal do quadrado. Temos, então, que encontrar as transformadas destes três vetores por A.

$$T\left(\begin{bmatrix} 4 \\ 0 \end{bmatrix}\right) = \begin{bmatrix} 1 & 0 \\ 2 & 1 \end{bmatrix}\begin{bmatrix} 4 \\ 0 \end{bmatrix} = \begin{bmatrix} 4 \\ 8 \end{bmatrix}, T\left(\begin{bmatrix} 0 \\ 4 \end{bmatrix}\right) = \begin{bmatrix} 1 & 0 \\ 2 & 1 \end{bmatrix}\begin{bmatrix} 0 \\ 4 \end{bmatrix} = \begin{bmatrix} 0 \\ 4 \end{bmatrix} \text{ e } T\left(\begin{bmatrix} 4 \\ 4 \end{bmatrix}\right) = \begin{bmatrix} 1 & 0 \\ 2 & 1 \end{bmatrix}\begin{bmatrix} 4 \\ 4 \end{bmatrix} = \begin{bmatrix} 4 \\ 12 \end{bmatrix}$$

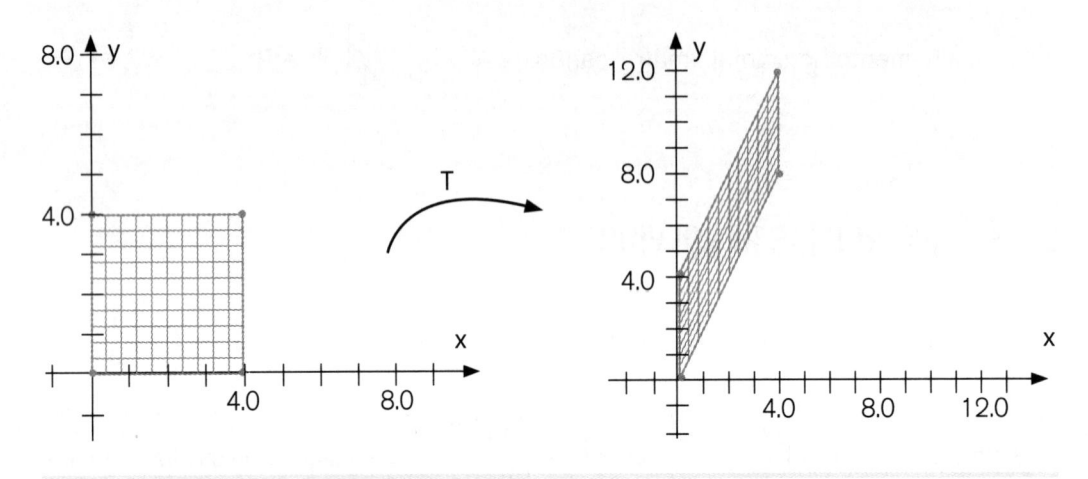

4) **Rotação de um ângulo** φ

Matriz canônica $A = \begin{bmatrix} \cos \varphi & -\text{sen } \varphi \\ \text{sen } \varphi & \cos \varphi \end{bmatrix}$

! ATENÇÃO

Ângulos positivos implicam rotação no sentido anti-horário.

5) **Projeção ortogonal**

- No eixo x: matriz canônica $A = \begin{bmatrix} 1 & 0 \\ 0 & 0 \end{bmatrix}$

- No eixo y: matriz canônica $A = \begin{bmatrix} 0 & 0 \\ 0 & 1 \end{bmatrix}$

Conforme dito anteriormente, quando a ***transformação*** ocorre no próprio R^n, como nas transformadas acima no R^2, chamamos de operador linear.

> **OBSERVAÇÃO**
>
> Transformação
> Transformação e imagem ficam a cargo do aluno como forma de exercício.

Exemplos de aplicação em computação gráfica

Translação:

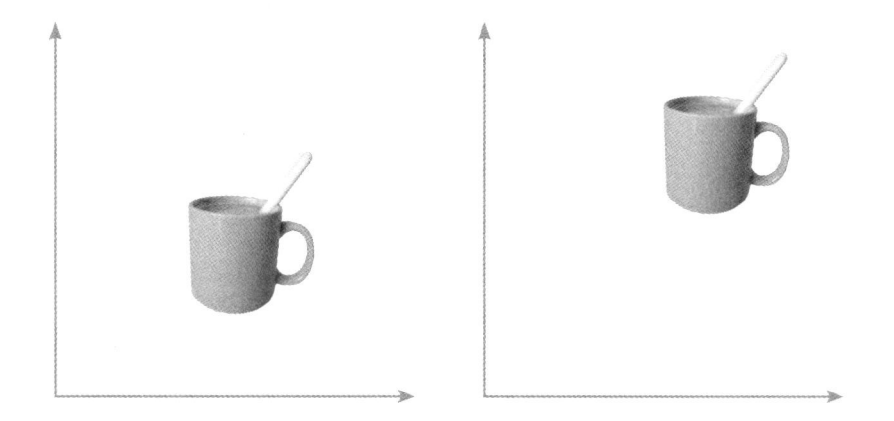

Mudança de escala uniforme:

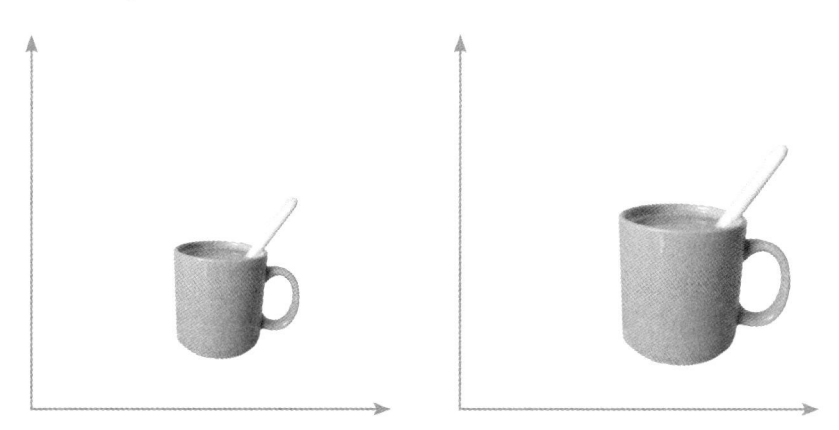

Mudança de escala diferencial:

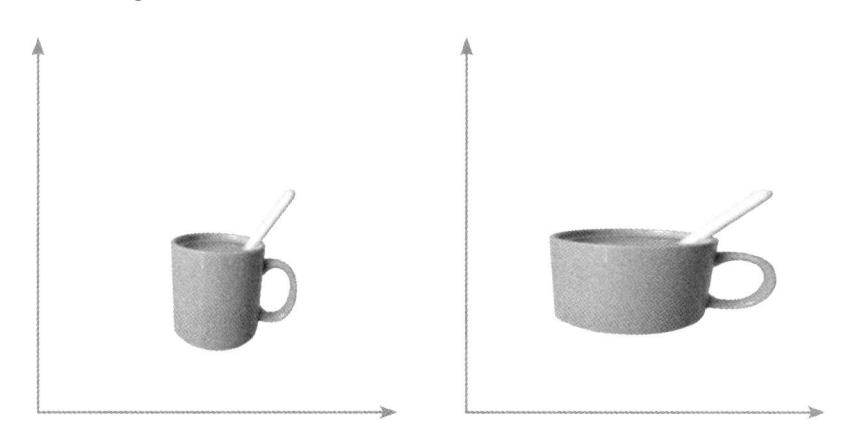

REFLEXÃO

Computação gráfica

De modo análogo aos operadores geométricos de R^2, definimos operadores geométricos no R^3, utilizados amplamente em computação gráfica. Em particular, as projeções ortogonais no R^3, apresentadas nas normas de representação gráfica do desenho técnico, são operadores que levam cada vetor, aresta do objeto representado, em sua projeção sobre um plano.

Rotação:

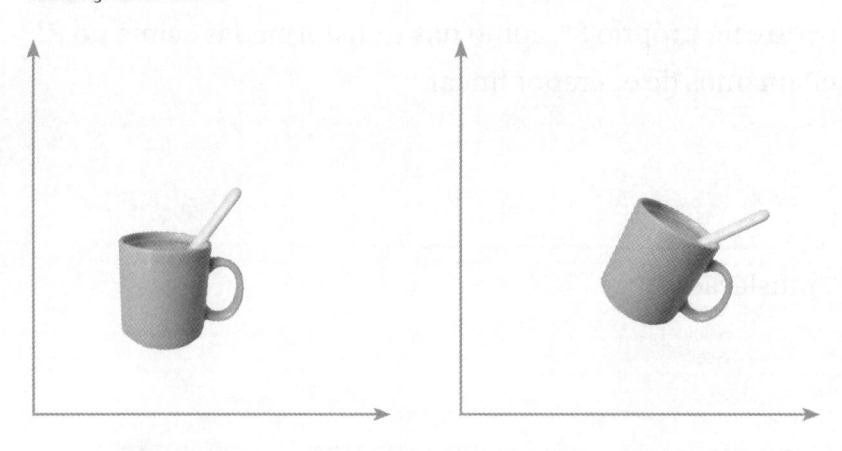

Cisalhamento:

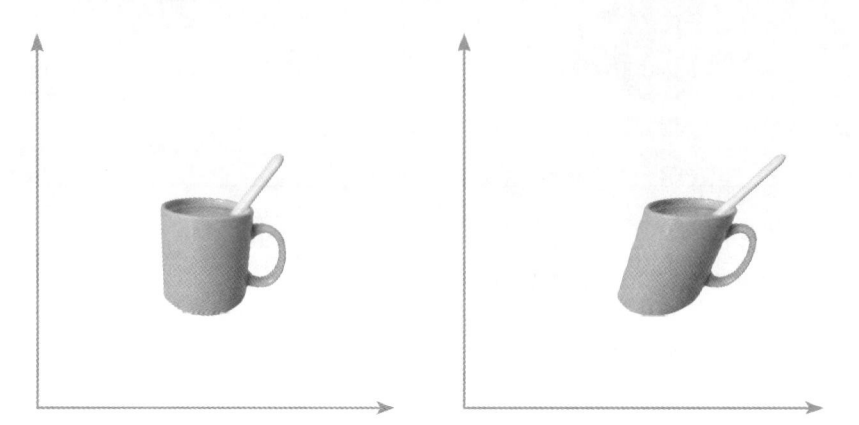

Composição de transformações lineares geométricas

Dominada a técnica de transformar, geometricamente, uma imagem (uma transformação por vez), passamos à composição de transformações lineares, semelhante à composição de funções, como definido em operações com transformadas lineares. A composição de transformadas obtêm efeitos diversos em **_computação gráfica_**.

EXERCÍCIO RESOLVIDO

10a) Seja T: $R^2 \to R^2$ que primeiro realiza um cisalhamento vertical, aplicando e_1 em $e_1 - 3e_2$, deixando e_2 inalterado, depois faz uma reflexão do resultado no eixo y. Determine a matriz da transformada e escreva a transformação obtida na forma de equações.

Solução

1ª transformação: T(1, 0) = (1, 0) − 3(0, 1) = (1, −3) = $\begin{bmatrix} 1 \\ -3 \end{bmatrix}$ e T(0, 1) = (0, 1) = $\begin{bmatrix} 0 \\ 1 \end{bmatrix}$

$A = \begin{bmatrix} 1 & 0 \\ -3 & 1 \end{bmatrix}$

2ª transformação: T(1, −3) = (−1, −3) e T(0, 1) = (0, 1), $A = \begin{bmatrix} -1 & 0 \\ -3 & 1 \end{bmatrix}$

Resultado escrito na forma de equações: T(x, y) = $\begin{bmatrix} -1 & 0 \\ -3 & 1 \end{bmatrix} \begin{bmatrix} x \\ y \end{bmatrix}$ = (−x, −3x + y)

A composição de transformações é chamada de ***transformada composta***. Para as transformadas lineares $T_1: R^n \to R^p$ e $T_2: R^p \to R^m$, a composta de T_2 com T_1, denotada por $(T_2 \circ T_1)(X)$, é indicada em notação matemática, de mesmo modo que função composta, por:

$T_1: R^n \to R^p$ e $T_2: R^p \to R^m$, ambas lineares, $(T_2 \circ T_1)(X) = T_2(T_1(X))$

> ! **ATENÇÃO**
>
> Transformada composta
> Lembre que a composta $(T_2 \circ T_1)(X)$ é linear, visto que
>
> $(T_2 \circ T_1)(X) = T_2(T_1(X)) = A_2(A_1 X)$
> $= (A_2 A_1) X$
>
> onde A_1 e A_2 são as matrizes das transformadas T_1 e T_2, $A_2 A_1$ é a multiplicação dessas matrizes, tomadas nessa ordem, que é a matriz canônica da transformada composta. Veja o exercício resolvido 10b.

REFAZENDO O EXERCÍCIO

10b) Seja T: $R^2 \to R^2$ que primeiro realiza um cisalhamento vertical, aplicando e_1 em $e_1 − 3e_2$, deixando e_2 inalterado, depois faz uma reflexão do resultado no eixo y. Determine a matriz da transformada e escreva a transformação obtida na forma de equações.

Solução

Matriz canônica de T_1 é a mesma da resolução anterior $A = \begin{bmatrix} 1 & 0 \\ -3 & 1 \end{bmatrix}$

Matriz canônica de T_2 não é a mesma da resolução anterior, é a matriz da reflexão em torno de y : $A_2 = \begin{bmatrix} -1 & 0 \\ 0 & 1 \end{bmatrix}$

Matriz canônica de $T_2 \circ T_1 = A_2 A_1 = \begin{bmatrix} -1 & 0 \\ 0 & 1 \end{bmatrix} \begin{bmatrix} 1 & 0 \\ -3 & 1 \end{bmatrix} = \begin{bmatrix} -1 & 0 \\ -3 & 1 \end{bmatrix}$

O resultado da transformada composta é $(T_2 \circ T_1)(X) = \begin{bmatrix} -1 & 0 \\ -3 & 1 \end{bmatrix} \begin{bmatrix} x \\ y \end{bmatrix} =$
= (−x, −3x + y)

EXERCÍCIOS DE FIXAÇÃO

6) Considere as transformadas lineares T definidas na base canônica, abaixo indicadas. Determine T(X) onde X é o vetor genérico do R^n.
a) T(1, 0, 0) = (2, 3, 1); T(0, 1, 0) = (5, 2, 7) e T(0, 0, 1) = (−2, 0, 7)
b) T(1, 0) = (3, 3); T(0, 1) = (−2, 5)
c) T(1, 0, 0) = (1, 4) e T(0, 1, 0) = (−2, 9); T(0, 0, 1) = (3, −8)

CURIOSIDADE

Transformadas

A transformada de Laplace tem seu nome em homenagem ao matemático francês Pierre Simon Laplace (1749-1827), reconhecido por sua genialidade e por suas idealizações na matemática e física.

Em matemática, particularmente na análise funcional, a *transformada de Laplace* de uma função f(t) definida para todo número real $t \geq 0$ é a função F(s), definida por:

$$F(s) = L\{f\}(s) = \int_0^\infty e^{-st} f(t)dt$$

Aplicações da transformada de Laplace são encontradas nos ramos da física matemática, como por exemplo, na análise de Sistemas Dinâmicos e, em especial, na engenharia elétrica e na engenharia química.

Por definição, a transformada de Laplace é uma transformada linear, pelas propriedades lineares, a sua aplicação permite resolver equações diferenciais como equações polinomiais, de resolução muito mais simples.

7) Considere o operador linear do R^2 tal que T(1, 0) = (2, 1) e T(0, 1) = (1, 4).
a) Encontre T(2, 4)
b) Determine (x, y) tal que T(x, y) = (2, 3)

8) Seja T: $R^2 \to R^2$ uma transformação linear que aplica (1, 0) em (2, –2) e (0, 1) em (0, –1)
a) Determine a forma geral T
b) Determine a imagem do triângulo de vértices (0, 0), (1, 2), (2, 1)

9) Determine a matriz da transformada linear T: $R^2 \to R^2$ correspondente a um cisalhamento horizontal que aplica e_2 em $e_2 - 3e_1$, mas deixa e_1 inalterado.

10) Determine a matriz da transformada linear T: $R^3 \to R^3$ que projeta cada ponto (x, y, z) verticalmente no plano xy.

5.4 Núcleo e imagem de uma transformada linear

Retornando à definição de **_transformadas_** lineares, T: V → W (de um espaço vetorial v em outro espaço vetorial W) por uma regra T que associa a cada vetor v, em V, um único vetor T(v) em W, tal que

(*i*) T(k u) = k T(u), para todo escalar k
(*ii*) T(u+v) = T(u) + T(v), para todo vetor u e v, em V

temos que:

T(0) = 0, isto é, T transforma o vetor nulo de V no vetor nulo de W

Ocorre que, em muitas situações, queremos encontrar outros vetores, além do vetor nulo, que levam vetores de V no vetor nulo de W, semelhante ao que ocorre quando encontramos a solução de sistemas, homogêneos, possíveis indeterminados.

O conjunto de todos os vetores v em V tais que T(v) = 0, é chamado de *núcleo* ou *espaço nulo* de V, denotado por

Nuc(V), do termo em inglês vem a notação Ker(V), amplamente usada. A imagem de T é conjunto de todos os vetores em W, da forma T(v) para algum vetor v em V.

⭐ EXEMPLO

Considere T: $R^3 \to R^3$ tal que T(x, y, z) = (x, y, 0), isto é, T é a projeção ortogonal de todos pontos do R^3 sobre o plano xy, como nas *vistas superior* e *inferior* do desenho técnico usado nos projetos de engenharia.

A imagem de T é o próprio plano xy, escrito em notação matemática,

Im(T) = {(x, y, 0) $\in R^3$; x, y $\in$ R}

Observe que o núcleo de T é o eixo dos z : Nuc(T) = {(0, 0, z) $\in R^3$; z $\in$ R} visto que, para todo z $\in$ R, T(0, 0, z) = (0, 0, 0).

📝 EXERCÍCIOS RESOLVIDOS

11) Considere T: $R^2 \to R^3$ a transformada linear dada por T(x, y) = (0, x + y, 0). Encontre o núcleo de T.

Solução
O núcleo de T é obtido por:

(x, y) $\in$ Nuc(T) $\Leftrightarrow$ (0, x + y, 0) = (0, 0, 0) $\Leftrightarrow$ x + y = 0 $\therefore$ x = –y

Logo,

Nuc(T) = {(x, –x); x $\in$ R}

12) Dado o operador linear T: $R^2 \to R^2$; T(x, y) = (2x + y, 4x + 2y), diga quais dos vetores abaixo pertencem a Nuc(T).
a) (7, –14)   b) (2, 4)   c) (1, –2)   d) (0, 1)

Solução
O núcleo de T é obtido por:

(x, y) $\in$ Nuc(T) $\Leftrightarrow$ (2x + y, 4x + 2y) = (0, 0)

Uma das maneiras de resolução seria, substituindo os vetores dados nas leis de formação das componentes da transformação, verificar quais dos vetores satisfazem a condição acima. Muito trabalhoso...!!!

Outro modo é encontrar a solução do sistema homogêneo equivalente à definição de núcleo e, então, verificar quais vetores são da forma solução do sistema. Escolhendo essa opção, pelo método da adição, vem:

$$\begin{cases} 2x + y = 0 \\ 4x + 2y = 0 \; (\div 2) \end{cases} \Rightarrow \begin{matrix} 2x + y = 0 \\ 2x + y = 0 \end{matrix}$$

Eliminando uma das equações encontramos $y = -2x$.
Daí a forma geral do vetor solução do sistema é $X = (x, -2x)$.

Os vetores a) $(7,-14)$ e c) $(1,-2)$ são os vetores que pertencem a Nuc(T).

Com base no capítulo anterior sobre espaços vetoriais, é possível verificar que, sendo T: V → W:

- O núcleo de V é um subespaço de V.

- Se X é um subespaço de V, então, a imagem de X por T é um subespaço de W.

Isto significa que uma transformada linear transforma um subespaço vetorial em subespaço vetorial, isto é, uma transformada linear preserva a estrutura de espaço vetorial. Desse modo, é possível relacionar as dimensões de Nuc(T) e Im(T) nos casos em que a dimensão de V e de W é finita, temos, então,

$$\dim(V) = \dim(\text{Nuc}(T)) + \dim(\text{Im}(T))$$

a dimensão do espaço vetorial V é igual à soma das dimensões do núcleo e da imagem da transformada linear T.

Tomando o exercício resolvido número 11, como exemplo, temos:

★ EXEMPLO

$T: \mathbb{R}^2 \to \mathbb{R}^2; T(x, y) = (2x + y, 4x + 2y) \Rightarrow V = \mathbb{R}^2, \dim(V) = 2$

Nuc(T) = $\{(x, -2x); x \in \mathbb{R}\}$, como o núcleo tem apenas uma variável livre: $x \in \mathbb{R}$

$\Rightarrow \dim(\text{Nuc}(T)) = 1$.

Daí, pela relação das dimensões de Nuc(T) e Im(T), vem que $\dim(\text{Im}(T)) = 1$.

De fato, para encontrar a imagem igualamos T ao vetor (a, b) ∈ R², resultado da transformada, de modo que T(x, y) = (a, b), isto é,

$$(2x + y, 4x + 2y) = (a, b) \Rightarrow \begin{cases} 2x + y = a \\ 4x + 2y = b \end{cases}$$

De modo análogo à resolução do sistema homogêneo, encontramos, agora, como solução do sistema correspondente à Im(T) o vetor (a, –2a); a ∈ R, em que temos apenas uma variável livre. Logo, dim (Im(T)) = 1.

EXERCÍCIO RESOLVIDO

13) Considere o operador linear T: R³ → R³ dado por T(x, y, z) = (x + 2y – z, y + 2z, x + 3y + z)
a) Encontre o núcleo e a dimensão do núcleo de T;
b) Encontre a imagem e a dimensão da imagem de T;
c) Verifique a propriedade da dimensão.

Solução

a) Nuc(T) = (x + 2y – z, y + 2z, x + 3y + z) = (0, 0, 0) $\Rightarrow \begin{cases} x + 2y - z = 0 \\ y + 2z = 0 \\ x + 3y + z = 0 \end{cases}$

Resolvendo o sistema pelo método do escalonamento, vem:

$$\begin{bmatrix} 1 & 2 & -1 \\ 0 & 1 & 2 \\ 1 & 3 & 1 \end{bmatrix} \sim \begin{bmatrix} 1 & 2 & -1 \\ 0 & 1 & 2 \\ 0 & 1 & 2 \end{bmatrix} \sim \begin{bmatrix} 1 & 2 & -1 \\ 0 & 1 & 2 \\ 0 & 0 & 0 \end{bmatrix}$$

Eliminando a terceira linha, obtemos o sistema

$$S = \begin{cases} x + 2y - z = 0 \\ y + 2z = 0 \end{cases}$$

Da segunda equação encontramos: y = –2z com z variável livre. Substituindo na primeira equação, vem:

x + 2(–2z) – z = 0 ⇒ x – 5z = 0 ⇒ x = 5z

Como solução, escrevemos:

$\begin{bmatrix} x \\ y \\ z \end{bmatrix} = \begin{bmatrix} 5x \\ -2z \\ z \end{bmatrix}$, z ∈ R ⇒ Nuc(T) = {(5z, –2z, z); z ∈ R}

como a única variável livre é z,

dim (N(T)) = 1

b) Para encontrar a imagem, igualamos T ao vetor (a, b, c) ∈ R^3, resultado da transformada, de modo que T(x, y, z) = (a, b, c), isto é,

$$\text{Im}(T) = (x + 2y - z, y + 2z, x + 3y + z) = (a, b, c) \Rightarrow \begin{cases} x + 2y - z = a \\ y + 2z = b \\ x + 3y + z = c \end{cases}$$

Resolvendo o sistema por escalonamento, vem:

$$\begin{bmatrix} 1 & 2 & -1 & a \\ 0 & 1 & 2 & b \\ 1 & 3 & 1 & c \end{bmatrix} \sim \begin{bmatrix} 1 & 2 & -1 & a \\ 0 & 1 & 2 & b \\ 0 & 1 & 2 & c-a \end{bmatrix} \sim \begin{bmatrix} 1 & 2 & -1 & a \\ 0 & 1 & 2 & b \\ 0 & 0 & 0 & c-a-b \end{bmatrix}$$

Este sistema só admite solução se c − a − b = 0; se c − a − b ≠ 0 o sistema torna-se impossível. Daí, vem

Im(T) = {(a, b, c) ∈ R^3; c − a − b = 0}

De c − a − b = 0 obtemos, por exemplo, a = c − b ou, de outra forma, obtemos sempre duas variáveis livres, o que significa que

dim (N(T)) = 2

c) De (1) e (2), temos

dim (V) = dim (Nuc(T)) + dim (Im(T)) = 1 + 2 = 3

De fato, dim (R^3) = 3.

EXERCÍCIOS DE FIXAÇÃO

11) Considere T: $R^2 \to R^2$ o operador linear tal que T(x, y) = (x, 0). Determine o núcleo e a imagem de T.

12) Para a transformada linear
T: $R^3 \to R^4$; T(x, y, z) = (x − y − z, x + y + z, 2x − y + z, −y)
determine uma base e a dimensão do núcleo e da imagem de T.

13) Para a transformada linear
T: $R^3 \to R$; T(x, y, z) = (x + y − z)
determine uma base e a dimensão do núcleo e da imagem de T.

14) Para a transformada linear
T: $R^2 \to R^3$; T(x, y) = (x + y, x, 2y)
determine o núcleo e a imagem de T.

15) Determine o núcleo, a dimensão do núcleo, a imagem e a dimensão da imagem para o operador linear
$T(x, y) = (3x - y, -3x + y)$

COMENTÁRIO

Não deixe de exercitar resolvendo os exercícios propostos e, se ainda tiver alguma dúvida, fale com seu professor, procure discutir a solução dos exercícios com colegas.

Que tal criar um grupo em rede social, com seus colegas, para discussão e dúvidas sobre a resolução de exercícios?

Operadores lineares inversíveis

Anteriormente, vimos que um operador linear $T: V \longrightarrow V$ associa a cada vetor $v \in V$ um outro vetor $T(v) \in V$. Se existir um outro operador linear, em V, que inverta essa correspondência de modo que a cada vetor transformado $T(v)$ se associe o vetor de origem v, denotamos esse operador por T^{-1}, sendo denominado de operador inverso de T. Temos, então, $T^{-1}(T(v)) = v$.

De modo análogo ao estudo de funções, se T é inversível e T^{-1} é o seu operador inverso, então, $T \circ T^{-1} = I$ (operador identidade). Observe que nem todo operador linear admite operador inverso. A caracterização de operadores inversíveis decorre da condição da matriz canônica A, do operador T, ser inversível, ou seja, se $\det(A) \neq 0$, então, T é inversível.

A relação entre os dois operadores, T e T^{-1}, é traduzida pela matriz canônica do operador linear inverso T^{-1} que é a matriz inversa da matriz canônica de T, isto é, A^{-1}.

EXEMPLO

Seja $T: R^2 \longrightarrow R^2$ tal que $T(x, y) = (3x - 4y, -x + 2y)$. Verifique se T é inversível; se o for, encontre T^{-1}.

Solução

Matriz canônica de T: $A = \begin{bmatrix} 3 & -4 \\ -1 & 2 \end{bmatrix}$; $\det(A) = 6 - 4 = 2 \neq 0 \Rightarrow$ é inversível

$$A^{-1} = \frac{1}{2}\begin{bmatrix} 2 & -(-4) \\ -(-1) & 3 \end{bmatrix} = \begin{bmatrix} 1 & 2 \\ \frac{1}{2} & \frac{3}{2} \end{bmatrix}$$

Operador inverso: $T^{-1}(x, y) = \left(x + 2y, \frac{1}{2}x + \frac{3}{2}y\right)$

? CURIOSIDADE

Markov

Andrei Andreevitch Markov (1856-1922), matemático russo, graduou-se na Universidade Estatal de São Petersburgo em 1878, onde foi professor. Seus primeiros trabalhos foram relativos a limite de integrais e teoria da aproximação. Após o ano de 1900, aplicou métodos de frações contínuas, que haviam sido iniciados pelo matemático Pafnuti Tchebychev na teoria da probabilidade, além de provar o teorema do limite central. Markov é particularmente lembrado pelo seu estudo de cadeias de Markov.

5.5 Aplicação a cadeias de Markov

Cadeia de **_Markov_** é um modelo matemático linear usado para descrever um experimento realizado por repetição, sempre da mesma forma, para se observar um determinado estado do sistema, que pode mudar de um estado para outro.

O resultado do experimento pertence a um conjunto de possibilidades previamente especificadas e, ainda, só depende do experimento imediatamente anterior, ou seja, o estado futuro depende apenas do estado presente e não dos estados passados. Este modelo é amplamente aplicado em uma variedade de situações da engenharia, química, física, administração, economia, biologia e outras áreas. Como exemplos, citamos:

- comportamento de uma fila a fim de satisfazer o cliente da melhor forma possível.

- espera no atendimento de um sistema de _callcenter_.

- índice pluviométrico diário.

- clima em uma cidade, num dado dia, em função do dia anterior.

- deslocamento da população entre o campo e a cidade, isto é, de áreas rurais para áreas urbanas, medido a cada dois anos, com base nos dados da medição anterior.

- resultado de eleições presidenciais a cada quatro anos, quando comparado com resultado da eleição anterior.

Entretanto, o estudo de cadeias de Markov é baseado em probabilidade e estatística, o que foge ao escopo deste texto, mas facilmente compreendemos que é conveniente escrever as probabilidades de transição de um estado para outro em uma matriz.

As colunas dessa matriz são vetores com todas as componentes positivas e menores que um, visto que são *probabilidades condicionais* (percentuais) denominadas de *probabilidades de transição*, que representam a probabilidade de cada estado no tempo em que foi medido. Estas probabilidades de transição são ditas *estacionárias*. Cada coluna é chamada de *vetor de probabilidade* ou *vetor de estado*.

A cadeia de Markov é uma sequência de vetores de probabilidade organizados em uma matriz. A matriz é então denominada de *matriz de Markov*, *matriz de transição* ou *matriz estocástica*. A sequência de vetores $\{x_i\}$; i = 1, 2, 3, ..., n, obtida pela sucessiva transformação pode ser denotada por $x_{k+1} = Px_k$, onde x_{k+1} é o vetor obtido pela transformação linear do vetor no estado anterior ou, ainda, pela relação recursiva do método iterativo $x^{(k+1)} = Tx^{(k)}$, em que k é o k – *ésimo* período de observação e (k + 1) é o (k + 1) – *ésimo* período de observação.

⭐ EXEMPLO

O resultado de um estudo com grande número de observações em relação à ocorrência de incidentes no processo produtivo em uma indústria mostrou que a probabilidade de ocorrer um dia com incidente logo após um dia sem incidente é de 33%, e que a probabilidade de se ter um dia com incidente logo após um dia com incidente é de 50%.

Se representarmos por SI o estado do dia sem incidente e por CI, o estado do dia com incidente, em uma tabela, com as respectivas porcentagens (*probabilidades condicionais*) em valores decimais e completadas, para a situação oposta, com a soma igual a um, teremos:

ESTADO DO SISTEMA	SI	CI
SI	67% = 0,67	50% = 0,5
CI	33% = 0,33	50% = 0,5

Então, a matriz estocástica (ou de transição) da cadeia de Markov correspondente é:

$$P = \begin{bmatrix} 0,67 & 0,5 \\ 0,33 & 0,5 \end{bmatrix}$$

Se no primeiro dia da observação, o dia zero, inicial da observação, está sem incidente (SI), o vetor de estado inicial é $x^{(0)} = \begin{bmatrix} 1 \\ 0 \end{bmatrix}$

O vetor de estado do dia 1, logo após o dia inicial da observação, é a transformação matricial do vetor estado inicial $x^{(0)}$, pela matriz de transição. Temos, então:

$$x^{(1)} = T(x^{(0)}) = Px^{(0)} = \begin{bmatrix} 0{,}67 & 0{,}5 \\ 0{,}33 & 0{,}5 \end{bmatrix} \begin{bmatrix} 1 \\ 0 \end{bmatrix} = \begin{bmatrix} 0{,}67 \\ 0{,}33 \end{bmatrix}$$

Logo, a probabilidade de não ocorrer incidente no dia 1 é de 67% e a de ocorrer incidente é de 33%.

Continuamos a sequência para os demais dias, pela transformação do vetor de estado anterior, ou seja, para encontrar o vetor de estado do dia 2, logo após o dia 1 da observação, basta determinar a transformação matricial do vetor estado inicial $x^{(1)}$. Daí

$$x^{(2)} = T(x^{(1)}) = Px^{(1)} = \begin{bmatrix} 0{,}67 & 0{,}5 \\ 0{,}33 & 0{,}5 \end{bmatrix} \begin{bmatrix} 0{,}67 \\ 0{,}33 \end{bmatrix} = \begin{bmatrix} 0{,}614 \\ 0{,}386 \end{bmatrix}$$

A probabilidade de não ocorrer incidente no dia 2 é de 61,4% e a de ocorrer incidente é de 38,6%. Continuando a sequência de transformações matriciais, obtemos a sequência de vetores de estado. Conclusões interessantes podem ser tiradas da observação desta sequência, mas isso é assunto do próximo capítulo quando daremos continuidade a esse exemplo.

IDEIA

Para saber mais sobre os tópicos estudados neste capítulo, pesquise na internet sites, vídeos e artigos relacionados ao conteúdo visto. E, ainda, procure ver aplicações de transformações lineares. Embora as aplicações mais interessantes necessitem de outros conhecimentos além da álgebra linear, vale a pena procurar aprender mais e alargar seus horizontes.

Uma sugestão de tema, FRACTAIS, em que uma transformada linear iterada (repetida) gera imagens, como por exemplo:

- Triângulo de Sierpinski

- Tapete de Sierpinski

Você pode se surpreender com a beleza das formas geradas por estas transformadas.

REFERÊNCIAS BIBLIOGRÁFICAS

ANTON, Howard; RORRES, Chris. *Álgebra linear com aplicações*. Trad. Claus Ivo Doering. 8 ed. Porto Alegre: Bookman, 2001.

KOLMAN, Bernard. *Introdução à álgebra linear com aplicações*. Trad. Valéria de Magalhães Iório. 6 ed. Rio de Janeiro: LTC – Livros Técnicos e Científicos Editora, 1999.

LAY, David C. *Álgebra linear e suas aplicações*. Trad. Ricardo Camilier e Valéria de Magalhães Iório. 2 ed. Rio de Janeiro: LTC – Livros Técnicos e Científicos Editora, 1999.

STEINBRUCH, Alfredo; WINTERLE, Paulo. *Introdução à álgebra linear*. São Paulo: Pearson Education do Brasil, 1997.

IMAGENS DO CAPÍTULO

xícara © Thiago Felipe Festa | freeimagens.com – café e leite.
Desenhos, gráficos e tabelas cedidos pelo ator do capítulo.

GABARITO

5.2 Transformadas matriciais e transformadas lineares de $\mathbb{R}^n$ e $\mathbb{R}^m$

1) $n = 5$ e $m = 2$

2) Sim, desde que $X \in \mathbb{R}^4$ e T seja uma transformada de $\mathbb{R}^4$ em $\mathbb{R}^3$.

3) $X = \begin{bmatrix} -2 \\ 4 \\ 1 \end{bmatrix}$

4) a) Não é linear
   b) É linear
   c) É linear
   d) Não é linear
   e) É linear

5) $(-\frac{1}{2}, 7)$

5.3 A matriz de uma transformada linear

6) a) $T(x, y, z) = (2x + 5y - 2z, 3x + 2y, x + 7y + 7z)$
   b) $T(x, y) = (3x - 2y, 3x + 5y)$
   c) $T(x, y) = (x - 2y + 3z, 4x + 9y - 8z)$

7) a) (8, 18)

b) $\left(\dfrac{5}{7}, \dfrac{4}{7}\right)$

8) a) T(x, y) = (2x, −2x − y)

b) O triângulo se transforma no triângulo de vértices (0, 0), (2, −4), (4, −5)

9) $A = \begin{bmatrix} 1 & -3 \\ 0 & 1 \end{bmatrix}$

10) $A = \begin{bmatrix} 1 & 0 & 0 \\ 0 & 1 & 0 \\ 0 & 0 & 0 \end{bmatrix}$

5.4 Núcleo e imagem de uma transformada linear

11) Nuc(T) = {(0, y); y ∈ R}, isto é, Nuc(T) é o eixo y

Im(T) = {(x, 0); x ∈ R}, isto é, Im(T) é o eixo x

12) Base do núcleo {θ}, dim (Nuc(T)) = 0,

Base da imagem B = {(1, 1, 2, 0), (−1, 1, −1, −1), (−1, 1, 1, 0)}; dim (Im(T)) = 3

13) Base do núcleo B = {(1, 0, 1), (−1, 1, 0)}; dim (Im(T)) = 2

Base da imagem B = {1}; dim (Im(T)) = 1

14) Nuc(T) = {(0, 0)}; Im(T) = {(x, y, z) ∈ R^3; 2x − 2y − z = 0}

15) Nuc(T) = {(x, 3x); x ∈ R}; dim (Nuc(T)) = 1

Im(T) = {(−y, y); y ∈ R}; dim (Im(T)) = 1

6 Autovalores e autovetores

GLÓRIA DIAS

6 Autovalores e autovetores

OBJETIVOS

- Identificar a ação de uma transformada linear X → AX em vetores múltiplos escalares de X.

- Encontrar os autovalores de um operador linear.

- Determinar o autovetor associado a um autovalor.

- Diagonalizar matrizes.

6.1 Conceito

Durante os capítulos anteriores, vimos que se A é uma matriz, n x n, e X é um vetor do R^n, então, AX também é um vetor do R^n. Em particular, no capítulo anterior, vimos a transformada matricial do vetor $X \in R^n$ tal que $T : R^n \to R^n$; T(X) = AX, em um outro vetor do R^n, passando a ser denominada de operador linear no R^n.

O operador linear assim definido para n = 2 ou n = 3 desloca vetores em muitas direções dentro do próprio espaço vetorial, sem a obrigatoriedade de existir uma relação geométrica entre eles. Entretanto, há casos especiais em que a ação do operador sobre alguns vetores, não nulos, é extremamente simples, deslocando o vetor retorna na sua própria direção como um múltiplo escalar dele mesmo, de tal modo que AX = λX.

O escalar λ é chamado de autovalor, ou valor próprio, e o vetor X é chamado de autovetor, ou vetor próprio, associado a λ.

6.2 Autovalores e autovetores

Seja A uma matriz n x n. Um vetor não nulo X ∈ R^n é um **_autovetor_** da matriz A se AX = λX, para algum escalar λ. O escalar λ é chamado de *autovalor* para A se existe solução não trivial X, para AX = λX. Este X é chamado de *autovetor associado ao autovalor* λ.

Usando a notação geral de transformadas lineares em espaços vetoriais, escrevemos:

Seja T:V → V um operador linear. Um vetor v ∈ V, v ≠ 0 é um *autovetor* do operador linear T se existe um escalar λ tal que T(v) = λv. O escalar λ é o *autovalor associado ao autovetor* v.

As equações AX = λX e T(v) = λv são equivalentes para os espaços vetoriais mencionados neste texto, visto que veremos apenas operadores lineares do R^n.

Interpretação geométrica

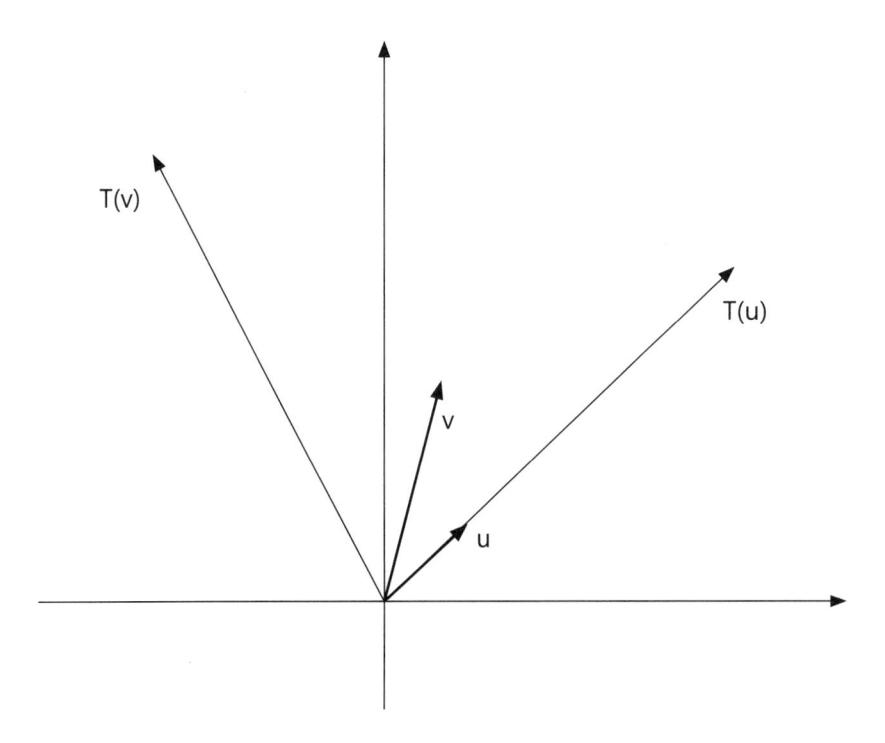

O vetor u é autovetor, visto que T(u) é colinear a u. O vetor v não é autovetor.

> **COMENTÁRIO**
>
> Autovetor
>
> Autovalores e autovetores, mas o que tem isso de interessante, aplicado à engenharia?
>
> Conceitos de autovalores e autovetores não surgem apenas na geometria de operadores lineares. Aparecem, também, na análise da dinâmica populacional, estudada por sistemas dinâmicos discretos; em sistemas dinâmicos contínuos; estudo de vibrações; mecânica quântica e economia, entre outros. Mais especificamente, este conceito surge naturalmente em crescimento populacional por faixa etária, em colheita de populações animais; em genética, na investigação de uma característica herdada em sucessivas gerações, hereditariedade ligada ao sexo; política de colheita sustentável. Todos esses exemplos, são áreas de aplicação da engenharia.

! ATENÇÃO

O vetor nulo sempre satisfaz às equações, vistas na página 163, para qualquer valor de λ, porém, o autovetor é sempre um vetor não nulo. Ocorre que, sendo λ um número real qualquer, λ pode ser igual a zero.

★ EXEMPLOS

1) $\lambda = 5$ é um autovalor da matriz $A = \begin{bmatrix} 5 & 0 \\ 2 & 1 \end{bmatrix}$, visto que existem vetores $X = \begin{bmatrix} x \\ y \end{bmatrix}$; $X \neq 0$ tais que

$AX = 5X$. De fato, $\begin{bmatrix} 5 & 0 \\ 2 & 1 \end{bmatrix}\begin{bmatrix} x \\ y \end{bmatrix} = 5\begin{bmatrix} x \\ y \end{bmatrix}\begin{bmatrix} 5x + 0y \\ 2x + 1y \end{bmatrix} = \begin{bmatrix} 5x \\ 5x \end{bmatrix} \Rightarrow \begin{cases} 5x = 5x \\ 2x + y = 5x \end{cases} \Rightarrow \begin{cases} 0 = 0 \\ y = 3x \end{cases} \Rightarrow$

$$x \text{ é variável livre; } X = \begin{bmatrix} x \\ 3x \end{bmatrix}, \forall x \in \mathbb{R}^*$$

2) O vetor $(2, -2)$ é um autovetor do operador linear

$$T: \mathbb{R}^2 \to \mathbb{R}^2; T(X) = (4x + 5y, 2x + y),$$

visto que, determinando a matriz canônica do operador T, $A = \begin{bmatrix} 4 & 5 \\ 2 & 1 \end{bmatrix}$ e escrevendo o vetor na forma de matriz coluna $\begin{bmatrix} 2 \\ -2 \end{bmatrix}$, vem:

$\begin{bmatrix} 4 & 5 \\ 2 & 1 \end{bmatrix}\begin{bmatrix} 2 \\ -2 \end{bmatrix} = \begin{bmatrix} 8 - 10 \\ 4 - 2 \end{bmatrix} = \begin{bmatrix} -2 \\ 2 \end{bmatrix}$, observe que o resultado encontrado é um múltiplo escalar do vetor declarado como autovetor, $\begin{bmatrix} -2 \\ 2 \end{bmatrix} = (-1)\begin{bmatrix} 2 \\ -2 \end{bmatrix}$, logo

$\lambda = -1$ é um autovalor associado ao autovetor $\begin{bmatrix} 2 \\ -2 \end{bmatrix}$ do operador linear.

⮕ EXERCÍCIOS RESOLVIDOS

1) Verifique se $\lambda = 4$ é autovalor do operador linear $T : \mathbb{R}^3 \to \mathbb{R}^3$ tal que

$$T(X) = (3x - z, 2x + 3y + z, -3x + 4y + 4z)$$

Solução

$$T(X) = \lambda X \Rightarrow (3x - z, 2x + 3y + z, -3x + 4y + 4z) = 4(x, y, z)$$

$$\begin{cases} 3x - z = 4x \\ 2x + 3y + z = 4y \\ -3x + 4y + 4z = 4z \end{cases} \Rightarrow \begin{cases} -x - z = 0 \\ 2x + y + z = 0 \\ -3x + 4y = 0 \end{cases}$$

escalonando o sistema homogêneo:

$$\begin{bmatrix} -1 & 0 & -1 \\ 2 & -1 & 1 \\ -3 & 4 & 0 \end{bmatrix} \sim \begin{bmatrix} -1 & 0 & -1 \\ 0 & -1 & -1 \\ -3 & 4 & 0 \end{bmatrix} \sim \begin{bmatrix} -1 & 0 & -1 \\ 0 & -1 & -1 \\ 0 & 4 & 3 \end{bmatrix} \sim \begin{bmatrix} -1 & 0 & -1 \\ 0 & -1 & -1 \\ 0 & 0 & -1 \end{bmatrix} \Rightarrow$$

como foi possível chegar na forma escalonada, o sistema homogêneo admite apenas a solução trivial (vetor nulo). Porém, o vetor nulo não é autovetor, logo, não existem autovetores associados a $\lambda = 4$, daí, $\lambda = 4$ não é autovalor do operador linear.

> **COMENTÁRIO**
>
> Operador linear
>
> Sempre que X é um autovetor de um operador linear T associado ao autovalor λ, isto é, $T(X) = \lambda X$, para qualquer número real $k \neq 0$, o vetor kX é também autovetor de T, associado ao mesmo autovalor λ.

2) Considere a matriz canônica A de um operador linear $T: \mathbb{R}^3 \to \mathbb{R}^3$, tal que
$A = \begin{bmatrix} 3 & 0 & -1 \\ 2 & 3 & 1 \\ -3 & 4 & 5 \end{bmatrix}$. Verifique se $X = (1, 1, -1)$ é um autovetor de T.

Solução

Se o vetor X é uma autovetor de T então existe um autovalor λ associado a este autovetor. Escrevendo $X = (1, 1, -1)$ do $\mathbb{R}^3$ na forma de vetor coluna, $X = \begin{bmatrix} 1 \\ 1 \\ -1 \end{bmatrix}$, e pela definição de autovetor, escrita na forma de operador matricial $AX = \lambda X$, vem:

$$\begin{bmatrix} 3 & 0 & -1 \\ 2 & 3 & 1 \\ -3 & 4 & 5 \end{bmatrix} \begin{bmatrix} 1 \\ 1 \\ -1 \end{bmatrix} = \lambda \begin{bmatrix} 1 \\ 1 \\ -1 \end{bmatrix} \Rightarrow \begin{bmatrix} 3.1 + 0.1 + (-1).(-1) \\ 2.1 + 3.1 + 1.(-1) \\ -3.1 + 4.1 + 5.(-1) \end{bmatrix} = \lambda \begin{bmatrix} 1 \\ 1 \\ -1 \end{bmatrix} \Rightarrow$$

$$\begin{bmatrix} 4 \\ 4 \\ -4 \end{bmatrix} = \lambda \begin{bmatrix} 1 \\ 1 \\ -1 \end{bmatrix} \Rightarrow 4 \begin{bmatrix} 1 \\ 1 \\ -1 \end{bmatrix} = \lambda \begin{bmatrix} 1 \\ 1 \\ -1 \end{bmatrix} \Rightarrow \lambda = 4$$

Logo $X = (1, 1, -1)$ é autovetor associado ao autovalor $\lambda = 4$.

3) Ainda em relação ao **operador linear** e ao autovetor do exercício anterior, verifique se o vetor $3X = 3(1, 1, -1) = (3, 3, -3)$ é também um autovetor do mesmo operador linear.

Solução

Como no exercício anterior,

$$\begin{bmatrix} 3 & 0 & -1 \\ 2 & 3 & 1 \\ -3 & 4 & 5 \end{bmatrix} \begin{bmatrix} 3 \\ 3 \\ -3 \end{bmatrix} = \lambda \begin{bmatrix} 3 \\ 3 \\ -3 \end{bmatrix} \Rightarrow \begin{bmatrix} 3.3 + 0.3 + (-1).(-3) \\ 2.3 + 3.3 + 1.(-3) \\ -3.3 + 4.3 + 5.(-3) \end{bmatrix} = \lambda \begin{bmatrix} 3 \\ 3 \\ -3 \end{bmatrix} \Rightarrow$$

$$\begin{bmatrix} 12 \\ 12 \\ -12 \end{bmatrix} = \lambda \begin{bmatrix} 3 \\ 3 \\ -3 \end{bmatrix} \Rightarrow 4 \begin{bmatrix} 3 \\ 3 \\ -3 \end{bmatrix} = \lambda \begin{bmatrix} 3 \\ 3 \\ -3 \end{bmatrix} \Rightarrow \lambda = 4$$

Será que foi coincidência, termos encontrado o mesmo valor de $\lambda = 4$, nos dois exercícios?

4) Verificar se $X = (3, -2)$ é um autovetor de $T: R^2 \to R^2$; $T(X) = (x + 6y, 5x + 2y)$.

Solução

Como nos exercícios (2) e (3), se o vetor X é um autovetor de T, então existe um autovalor λ associado a este autovetor.

Usando a forma $AX = \lambda X$, temos a matriz canônica de T, dada por $A = \begin{bmatrix} 1 & 6 \\ 5 & 2 \end{bmatrix}$ e o vetor $A = \begin{bmatrix} 3 \\ -2 \end{bmatrix}$. Verificando a equação

$$\begin{bmatrix} 1 & 6 \\ 5 & 2 \end{bmatrix} \begin{bmatrix} 3 \\ -2 \end{bmatrix} = \lambda \begin{bmatrix} 3 \\ -2 \end{bmatrix} \Rightarrow \begin{bmatrix} -9 \\ 11 \end{bmatrix} \neq \lambda \begin{bmatrix} 3 \\ -2 \end{bmatrix},$$

isto é, o vetor $\begin{bmatrix} -9 \\ 11 \end{bmatrix}$, resultado da transformada de X, não é múltiplo escalar dele mesmo.

Logo, $X = \begin{bmatrix} 3 \\ -2 \end{bmatrix}$ não é um autovetor de T.

5) Considere o operador linear $T: R^3 \to R^3$, que determina a transformação da simetria de vetores por $T(v) = -v$. Encontre:
a) a matriz canônica da transformada
b) os autovalores da matriz canônica e o autovetor associado ao autovalor.

Solução

a) $T: R^3 \to R^3$; $T(v) = -v \Rightarrow T\left(\begin{bmatrix} x \\ y \\ z \end{bmatrix}\right) = \begin{bmatrix} -x \\ -y \\ -z \end{bmatrix} \Rightarrow \begin{bmatrix} -1 & 0 & 0 \\ 0 & -1 & 0 \\ 0 & 0 & -1 \end{bmatrix} \begin{bmatrix} x \\ y \\ z \end{bmatrix} = \begin{bmatrix} -x \\ -y \\ -z \end{bmatrix} \Rightarrow$

A matriz canônica de T é a matriz $A = \begin{bmatrix} -1 & 0 & 0 \\ 0 & -1 & 0 \\ 0 & 0 & -1 \end{bmatrix}$

b) $T(v) = -v = -1v \Rightarrow \lambda = -1$, qualquer vetor v não nulo do R^3 é um autovetor associado a este autovalor.

6) Considere o operador linear $T: R^3 \to R^3$; $T(X) = (6x - 3y + z, 3x + 5z, 2x + 2y + 6z)$. Verifique se $\lambda = 5$ é um autovalor para a matriz canônica do operador.

Solução

Matriz canônica de T: $A = \begin{bmatrix} 6 & -3 & 1 \\ 3 & 0 & 5 \\ 2 & 2 & 6 \end{bmatrix}$;

$A - 5I = 0 \Rightarrow \begin{bmatrix} 6 & -3 & 1 \\ 3 & 0 & 5 \\ 2 & 2 & 6 \end{bmatrix} - \begin{bmatrix} 5 & 0 & 0 \\ 0 & 5 & 0 \\ 0 & 0 & 5 \end{bmatrix} = \begin{bmatrix} 1 & -3 & 1 \\ 3 & -5 & 5 \\ 2 & 2 & 1 \end{bmatrix}$

Pela definição: $\begin{bmatrix} 1 & -3 & 1 \\ 3 & -5 & 5 \\ 2 & 2 & 1 \end{bmatrix} \begin{bmatrix} x \\ y \\ z \end{bmatrix} = \begin{bmatrix} 0 \\ 0 \\ 0 \end{bmatrix} \Rightarrow \begin{bmatrix} 1 & -3 & 1 & 0 \\ 3 & -5 & 5 & 0 \\ 2 & 2 & 1 & 0 \end{bmatrix}$

Pelo escalonamento da matriz expandida, vem

$\begin{bmatrix} 1 & -3 & 1 & 0 \\ 0 & 4 & 2 & 0 \\ 2 & 2 & 1 & 0 \end{bmatrix} \sim \begin{bmatrix} 1 & -3 & 1 & 0 \\ 0 & 4 & 2 & 0 \\ 0 & 8 & -1 & 0 \end{bmatrix} \sim \begin{bmatrix} 1 & -3 & 1 & 0 \\ 0 & 4 & 2 & 0 \\ 0 & 0 & -5 & 0 \end{bmatrix}$

Como foi possível chegar na forma escalonada, o sistema é possível e determinado, isto é, só admite a solução trivial v = 0 (vetor nulo não é autovetor). Logo λ = 5 não é autovalor da matriz A, pois não é possível encontrar autovetores associados a este autovalor.

EXERCÍCIOS DE FIXAÇÃO

1) Verifique se λ = 2 é um autovalor do operador linear T(X) = (3x + 2y, 3x + 8y)

2) Verifique se λ = 1 é um autovalor da matriz A = $\begin{bmatrix} 4 & 5 \\ 2 & 1 \end{bmatrix}$

3) Verifique se X = (5, 2) é um autovetor do operador linear T(X) = (4x + 5y, 2x + y)

4) Verifique se λ = –3 é um autovalor da matriz A = $\begin{bmatrix} 4 & 0 & 1 \\ -2 & 1 & 0 \\ -2 & 0 & 1 \end{bmatrix}$

5) Verifique se X = (1, 2, 2) é um autovetor do operador linear T(X) = (7x – 2y, –2x + 6y – 2z, –2y + 5z)

6.3 Equação característica

Determinação de autovalores

Nos exemplos e exercícios resolvidos na seção anterior, sempre é dado um valor de λ ou vetor X, para verificar se λ é autovalor ou X é autovetor de um operador linear do R^n. Entretanto, o mais comum é, dado o operador linear ou a matriz canônica A,n x n, deste operador linear, encontrar os autovalores dessa matriz e os autovetores associados aos autovalores encontrados. Temos, então, que resolver a equação matricial

$$AX = \lambda X \Rightarrow AX - \lambda X = 0$$

Porém, a equação matricial possui duas incógnitas, λ e X, o escalar λ e o vetor X. Uma equação com duas incógnitas de naturezas distintas, escalar e vetor, e, ainda, matrizes de dimensões diferentes: A, n x n, e X, n x 1.

Ocorre que, se não podemos efetuar a subtração, usamos o artifício da multiplicação da equação pela matriz identidade, elemento neutro da multiplicação de matrizes, passando a resolver a equação matricial

$$I(AX - \lambda X) = I0 \Rightarrow (IA)X - (I\lambda)X = 0 \Rightarrow$$

Em seguida, como o vetor X aparece em duas parcelas, é natural colocá-lo em evidência, como incógnita da equação, ou seja,

$$AX - (\lambda I)X = 0 \Rightarrow (A - \lambda I)X = 0$$

Um exemplo com matriz, 2 x 2, pode tornar mais claro o exposto acima

$$\left(\begin{bmatrix} a_{11} & a_{12} \\ a_{21} & a_{22} \end{bmatrix} - \lambda \begin{bmatrix} 1 & 0 \\ 0 & 1 \end{bmatrix}\right)\begin{bmatrix} x \\ y \end{bmatrix} = \begin{bmatrix} 0 \\ 0 \end{bmatrix} \Rightarrow \left(\begin{bmatrix} a_{11} & a_{12} \\ a_{21} & a_{22} \end{bmatrix} - \begin{bmatrix} \lambda & 0 \\ 0 & \lambda \end{bmatrix}\right)\begin{bmatrix} x \\ y \end{bmatrix} = \begin{bmatrix} 0 \\ 0 \end{bmatrix} \Rightarrow$$

$$\Rightarrow \begin{bmatrix} a_{11} - \lambda & a_{12} - 0 \\ a_{21} - 0 & a_{22} - \lambda \end{bmatrix} \begin{bmatrix} x \\ y \end{bmatrix} = \begin{bmatrix} 0 \\ 0 \end{bmatrix}$$

$$\Rightarrow \begin{bmatrix} a_{11} - \lambda & a_{12} \\ a_{21} & a_{22} - \lambda \end{bmatrix} \begin{bmatrix} x \\ y \end{bmatrix} = \begin{bmatrix} 0 \\ 0 \end{bmatrix}$$

Esta equação matricial representa um sistema homogêneo. Pela definição de autovetor, queremos vetores $v \neq 0$, daí, precisamos encontrar os valores de λ para os quais o sistema tem solução não trivial, isto é, o vetor $v \neq 0$. Temos, então, como condição para λ ser um autovalor da matriz A, o fato de que a equação $(A - \lambda I)X = 0$ ter solução não trivial.

Se o determinante da matriz dos coeficientes for diferente de zero, o sistema possui uma única solução que é a solução trivial, $v = 0$. Então, obrigatoriamente, para solução $v \neq 0$ deve-se ter

$$\det(A - \lambda I) = 0 \quad \text{ou} \quad \begin{bmatrix} a_{11} - \lambda & a_{12} \\ a_{21} & a_{22} - \lambda \end{bmatrix} = 0 \quad (*)$$

A equação (*) é chamada *equação característica* da matriz A, ou do operador T, e suas raízes são os autovalores da matriz A, ou do operador T.

Desenvolvendo o determinante, encontramos um polinômio em λ denominado *polinômio característico*. No exemplo:

$$\begin{bmatrix} a_{11} - \lambda & a_{12} \\ a_{21} & a_{22} - \lambda \end{bmatrix} = 0 \Rightarrow (a_{11} - \lambda)(a_{22} - \lambda) - a_{12}a_{21} = 0$$

que resulta em um polinômio de grau 2 e a resolução da equação de segundo grau cujas raízes são os dois autovalores de A. Observe que o determinante, det(A – λI), transforma a equação matricial (A – λI)X = 0, de duas incógnitas, λ e X, em uma equação escalar de apenas uma incógnita λ.

Do exposto acima, podemos concluir, na forma de um teorema (sem demonstração), que:

> Um escalar λ é um autovalor de uma matriz A, n x n, se e somente se λ satisfaz a *equação característica* det(A – λI) = 0.

Outros exemplos ajudam a clarificar a questão.

★ EXEMPLOS

1) Os autovalores de $A = \begin{bmatrix} 2 & 3 \\ 3 & -6 \end{bmatrix}$ são encontrados pela *equação característica* da matriz A

$$\det(A - \lambda I) = 0 \text{ ou } \begin{vmatrix} 2 - \lambda & 3 \\ 3 & -6 - \lambda \end{vmatrix} = 0 \Rightarrow (2 - \lambda)(-6 - \lambda) - 3 \times 3 = 0$$

$$\Rightarrow -12 + 6\lambda - 2\lambda + \lambda^2 - 9 = 0$$

$$\Rightarrow \lambda^2 + 4\lambda - 21 = 0$$

As raízes da equação são encontradas pela fórmula de Báskara ou pela propriedade das raízes, tal como visto em resolução da equação do segundo grau:

$$\lambda^2 - S\lambda + P = (\lambda - \lambda_1)(\lambda - \lambda_2); \text{ onde } S = \lambda_1 + \lambda_2 \text{ e } P = \lambda_1 \lambda_2$$

No exemplo:

$$\lambda^2 + 4\lambda - 21 = 0 \Rightarrow \begin{cases} -4 = \lambda_1 + \lambda_2 \\ -21 = \lambda_1 \lambda_2 \end{cases} \therefore \lambda_1 = 3 \text{ e } \lambda_2 = -7$$

$$(\lambda - 3)(\lambda - (-7)) = (\lambda - 3)(\lambda + 7) \Rightarrow$$
$$\lambda_1 = 3 \text{ e } \lambda_2 = -7 \text{ são os dois autovalores de A}$$

> **OBSERVAÇÃO**
>
> Os exercícios propostos na seção 6.2, para autovalores, podem ser refeitos verificando se o valor de λ dado é raiz da equação característica da matriz, ao invés da definição de autovalores e autovetores. Experimente refazê-los!

> **ATENÇÃO**
>
> Se encontrou dificuldade em acompanhar o cálculo de determinantes dos exemplos, é hora de rever o capítulo 2. Se encontrou dificuldade em acompanhar a resolução das equações polinomiais, procure apoio em outros textos sobre o assunto.

Observe que, o *polinômio característico*, $P_2(\lambda) = \lambda^2 + 4\lambda - 21$, tem grau igual à ordem do determinante da matriz A. E isso sempre ocorrerá.

2) Os autovalores da matriz $A = \begin{bmatrix} 0 & 1 & 0 \\ 0 & 0 & 1 \\ 4 & -17 & 8 \end{bmatrix}$ são determinados pela equação característica:

$$\det(A - \lambda I) = 0 \Rightarrow \begin{vmatrix} 0-\lambda & 1 & 0 \\ 0 & 0-\lambda & 1 \\ 4 & -17 & 8-\lambda \end{vmatrix} = 0$$

O polinômio característico, obtido pelo desenvolvimento do determinante de ordem 3, $\lambda^3 - 8\lambda^2 + 17\lambda - 4$ (verifique!!), implica a resolução de uma equação de grau 3, $\lambda^3 - 8\lambda^2 + 17\lambda - 4 = 0$, o que pode ser uma tarefa árdua.

Começamos, então, a procurar a existência de raízes inteiras, sabendo que em uma polinomial de grau n, $\lambda^n + C_1\lambda^{n-1} + \cdots + C_{n-1}\lambda + C_n = 0$, de coeficientes inteiros, se houver raízes inteiras, todas elas são divisores do termo constante C_n.

Na equação, $\lambda^3 - 8\lambda^2 + 17\lambda - 4 = 0$, os divisores de -4 são: $\pm 1, \pm 2, \pm 4$. Substituindo cada um deles na equação, o único que satisfaz é $\lambda = 4$. Da propriedade das raízes, considerando $\lambda_1 = 4$, vem

$$\lambda^3 - 8\lambda^2 + 17\lambda - 4 = (\lambda - 4)(\lambda - \lambda_2)(\lambda - \lambda_3)$$

$$\lambda^3 - 8\lambda^2 + 17\lambda - 4 = (\lambda - 4)(\lambda^2 - 4\lambda + 1)$$

Resolvendo, agora, $\lambda^2 - 4\lambda + 1 = 0$, encontramos $\lambda_2 = 2 + \sqrt{3}$ e $\lambda_3 = 2 - \sqrt{3}$

Desse modo, os três autovalores de A são: $\lambda_1 = 4$, $\lambda_2 = 2 + \sqrt{3}$ e $\lambda_3 = 2 - \sqrt{3}$

> **COMENTÁRIOS**

Para toda matriz A, n x n, tem-se *polinômio característico*, $P_n(\lambda)$, de *grau* n, obtido no *determinante de ordem* n, da *equação característica* $\det(A - \lambda I) = 0$.

O polinômio característico de *grau* n, terá n *raízes*, contando a multiplicidade, e estas raízes serão reais e/ou complexas. Havendo raízes complexas, serão sempre em número par e serão chamadas de autovalores complexos. Entretanto, neste texto, apenas consideraremos as raízes reais, isto é, os autovalores reais.

Ocorre que não existem métodos diretos, isto é, um algoritmo finito que resolva polinômio de grau $n \geq 5$. Logo, matrizes genéricas n x n, para $n \geq 5n$, necessitam de métodos indiretos ou numéricos para encontrar os autovalores destas matrizes. Os melhores métodos numéricos utilizados por softwares matemáticos para a determinação de autovalores evitam a determinação do polinômio característico, encontrando, primeiro, os autovalores λ_i e, depois, fazendo a expansão do produto $(\lambda - \lambda_1)(\lambda - \lambda_2)(...)(\lambda - \lambda_n)$.

Vários destes métodos numéricos são baseados no conceito de *similaridade* entre matrizes que será visto posteriormente na seção 6.4.

Propriedades

Os autovalores de uma matriz triangular são os elementos da sua diagonal principal, visto que o determinante desta matriz é o produto dos elementos da sua diagonal principal.

EXEMPLO

Exemplo para matriz A, 3 x 3, triangular superior:

$$A = \begin{bmatrix} a_{11} & a_{12} & a_{13} \\ 0 & a_{22} & a_{23} \\ 0 & 0 & a_{33} \end{bmatrix} - \begin{bmatrix} \lambda & 0 & 0 \\ 0 & \lambda & 0 \\ 0 & 0 & \lambda \end{bmatrix} = \begin{bmatrix} a_{11}-\lambda & a_{12} & a_{13} \\ 0 & a_{22}-\lambda & a_{23} \\ 0 & 0 & a_{33}-\lambda \end{bmatrix} \Rightarrow$$

$$\det \begin{vmatrix} a_{11}-\lambda & a_{12} & a_{13} \\ 0 & a_{22}-\lambda & a_{23} \\ 0 & 0 & a_{33}-\lambda \end{vmatrix} = (a_{11}-\lambda)(a_{22}-\lambda)(a_{33}-\lambda) = 0$$

As raízes da equação característica são obtidas fazendo-se:

$$\begin{cases} a_{11} - \lambda = 0 \Rightarrow \lambda_1 = a_{11} \\ a_{22} - \lambda = 0 \Rightarrow \lambda_2 = a_{22} \\ a_{33} - \lambda = 0 \Rightarrow \lambda_3 = a_{33} \end{cases}$$

OBSERVAÇÃO

Os autovalores de $A = \begin{bmatrix} 2 & 0 & 0 \\ -1 & 0 & 0 \\ 0 & 5 & 3 \end{bmatrix}$ e $B = \begin{bmatrix} -1 & 4 & -7 \\ 0 & 3 & 8 \\ 0 & 7 & 7 \end{bmatrix}$ são obtidos diretamente pelo fato de que:

a) A é matriz triangular inferior, então, os autovalores são os elementos da sua diagonal principal: $\lambda_1 = 2$; $\lambda_2 = 0$; $\lambda_3 = 3$. Observe que $\lambda_2 = 0$ é possível, isto é, podemos ter autovalor nulo. Não podemos ter autovetor nulo.

b) B é matriz triangular superior, então, os autovalores são os elementos da sua diagonal principal: $\lambda_1 = -1$; $\lambda_2 = 3$; $\lambda_3 = 7$.

Considere uma matriz U, n x n, escalonada, obtida de A, n x n, usando apenas as operações de substituição e troca de linhas onde t é o número de troca de linhas realizadas, então, o determinante de A é dado por:

$$\det A = \begin{cases} (-1)^t \times \text{(produto dos pivôs de U)} \\ 0, \text{ quando A não é invertível} \end{cases}, \text{ onde U é a matriz escalonada}$$

EXEMPLO

O determinante da matriz $A = \begin{bmatrix} 1 & 5 & 0 \\ 2 & 4 & -1 \\ 0 & -2 & 0 \end{bmatrix}$ pode ser obtido pela matriz linha equivalente escalonada na forma triangular superior, aplicando a propriedade acima. Transformando a matriz na forma escalonada temos:

$$\begin{bmatrix} 1 & 5 & 0 \\ 2 & 4 & -1 \\ 0 & -2 & 0 \end{bmatrix} \sim \begin{bmatrix} 1 & 5 & 0 \\ 0 & -2 & 0 \\ 2 & 4 & -1 \end{bmatrix} \text{ feita a permutação da } L_2 \text{ com } L_3$$

$$\sim \begin{bmatrix} a_1 & 5 & 0 \\ 0 & -2 & 0 \\ 0 & 0 & -1 \end{bmatrix}$$

O determinante é encontrado por: $\det(A) = (-1)^1 \times 1 \times (-2) \times (-1) = -2$

ATENÇÃO

Esta propriedade dos determinantes de uma matriz e de sua forma escalonada será utilizada oportunamente, porém – e esse porém é importante –, em geral, uma forma escalonada de uma matriz A não tem os mesmos autovalores de A.

Determinação de autovetores

Depois de encontrar os autovalores de uma matriz, os autovetores são encontrados substituindo cada valor de λ na equação matricial $(A - \lambda I)X = 0$ e resolvendo o sistema homogêneo de equações lineares. Continuando o exemplo (1), temos:

EXEMPLO

Os autovetores de $A = \begin{bmatrix} 2 & 3 \\ 3 & -6 \end{bmatrix}$, associados aos autovalores $\lambda_1 = 3$ e $\lambda_2 = -7$, são respectivamente:

a) Para $\lambda_1 = 3 \Rightarrow \begin{bmatrix} 2-\lambda & 3 \\ 3 & -6-\lambda \end{bmatrix} \begin{bmatrix} x \\ y \end{bmatrix} = \begin{bmatrix} 0 \\ 0 \end{bmatrix} \Rightarrow$

$$\begin{bmatrix} 2-3 & 3 \\ 3 & -6-3 \end{bmatrix} \begin{bmatrix} x \\ y \end{bmatrix} = \begin{bmatrix} 0 \\ 0 \end{bmatrix} \Rightarrow \begin{bmatrix} -1 & 3 \\ 3 & -9 \end{bmatrix} \begin{bmatrix} x \\ y \end{bmatrix} = \begin{bmatrix} 0 \\ 0 \end{bmatrix} \Rightarrow$$

$$\begin{bmatrix} -x + 3y \\ 3x + 9y \end{bmatrix} = \begin{bmatrix} 0 \\ 0 \end{bmatrix} \Rightarrow \begin{cases} -x + 3y = 0 \\ 3x + 9x = 0 \end{cases}$$

Resolvendo o sistema: $X = \begin{bmatrix} x \\ y \end{bmatrix} = \begin{bmatrix} 3y \\ y \end{bmatrix}$; $y \in \Re$. Os autovetores associados ao autovalor $\lambda_1 = 3$ são da forma $X = \begin{bmatrix} 3x \\ y \end{bmatrix}$; $y \in \Re^*$ ou, ainda, $X = y\begin{bmatrix} 3 \\ 1 \end{bmatrix}$; $y \in \Re^*$

b) Para $\lambda 1 = -7 \Rightarrow \begin{bmatrix} 2 - \lambda & 3 \\ 3 & -6 - \lambda \end{bmatrix}\begin{bmatrix} x \\ y \end{bmatrix} = \begin{bmatrix} 0 \\ 0 \end{bmatrix} \Rightarrow$

$$\begin{bmatrix} 2 - (-7) & 3 \\ 3 & -6 - (-7) \end{bmatrix}\begin{bmatrix} x \\ y \end{bmatrix} = \begin{bmatrix} 0 \\ 0 \end{bmatrix} \Rightarrow \begin{bmatrix} 9 & 3 \\ 3 & 1 \end{bmatrix}\begin{bmatrix} x \\ y \end{bmatrix} = \begin{bmatrix} 0 \\ 0 \end{bmatrix} \Rightarrow$$

$$\begin{bmatrix} 9x + 3y \\ 3x + y \end{bmatrix} = \begin{bmatrix} 0 \\ 0 \end{bmatrix} \Rightarrow \begin{cases} 9x + 3y = 0 \\ 3x + y = 0 \end{cases}$$

Resolvendo o sistema: $X = \begin{bmatrix} x \\ y \end{bmatrix} = \begin{bmatrix} x \\ -3x \end{bmatrix}$; $x \in R$. Os autovetores associados ao autovalor $\lambda_1 = -7$ são da forma $X = \begin{bmatrix} x \\ -3x \end{bmatrix}$; $x \in \Re^*$ ou ainda, $X = x\begin{bmatrix} 1 \\ -3 \end{bmatrix}$; $x \in \Re^*$

Autoespaço de A associado a λ

Observe que o conjunto de todas as soluções da equação $(A - \lambda I) = 0$, isto é, o conjunto dos autovetores, $v \neq 0$, associados ao autovalor λ, é o espaço-nulo da matriz $A - \lambda I$ e, também, um subespaço de R^n. Este subespaço é chamado de *autoespaço de A associado a λ*. Como subespaço, o vetor nulo pertence ao autoespaço, porém, mais uma vez ressaltamos que o vetor nulo não é autovetor.

EXEMPLO

Considere o operador linear $T(X) = (4x - y + 6z, 2x + y + 6z, 2x - y + 8z)$ e o autovalor $\lambda = 2$ da matriz canônica do operador. A base do autoespaço associado a este autovalor é obtido por:

$(A - 2I)X = O \Rightarrow A = \left(\begin{bmatrix} 4 & -1 & 6 \\ 2 & 1 & 6 \\ 2 & -1 & 8 \end{bmatrix} - \begin{bmatrix} 2 & 0 & 0 \\ 0 & 2 & 0 \\ 0 & 0 & 2 \end{bmatrix}\right)\begin{bmatrix} x \\ y \\ z \end{bmatrix} = \begin{bmatrix} 0 \\ 0 \\ 0 \end{bmatrix} \Rightarrow$

$\begin{bmatrix} 2 & -1 & 6 \\ 2 & -1 & 6 \\ 2 & -1 & 6 \end{bmatrix}\begin{bmatrix} x \\ y \\ z \end{bmatrix} = \begin{bmatrix} 0 \\ 0 \\ 0 \end{bmatrix} \Rightarrow \begin{bmatrix} 2 & -1 & 6 & 0 \\ 2 & -1 & 6 & 0 \\ 2 & -1 & 6 & 0 \end{bmatrix}$ 3 linhas iguais $\sim \begin{bmatrix} 2 & -1 & 6 & 0 \\ 0 & 0 & 0 & 0 \\ 0 & 0 & 0 & 0 \end{bmatrix} \Rightarrow$

$2x - y + 6z = 0 \Rightarrow x = \dfrac{y}{2} - 3z$; y e z *variáveis livres*

O vetor solução é: $X = \begin{bmatrix} \frac{y}{2} - 3z \\ y \\ z \end{bmatrix}$; y e z $\in$ R, escrito na forma de combinação linear é dado

por: $X = y \begin{bmatrix} 1/2 \\ 1 \\ 0 \end{bmatrix} + z \begin{bmatrix} -3 \\ 0 \\ 1 \end{bmatrix}$; y e z $\in$ R. Uma base para o autoespaço de A associado a

$\lambda = 2$ é o conjunto $B = \left\{ \begin{bmatrix} 1/2 \\ 1 \\ 0 \end{bmatrix} + z \begin{bmatrix} -3 \\ 0 \\ 1 \end{bmatrix} \right\}$;

EXERCÍCIOS RESOLVIDOS

7) Determine os autovalores de $A = \begin{bmatrix} 5 & 0 & 0 \\ -1 & -1 & 0 \\ 2 & 8 & 3 \end{bmatrix}$ e $B = \begin{bmatrix} -2 & 4 & -7 \\ 0 & 30 & 8 \\ 0 & 0 & 1 \end{bmatrix}$

Solução

a) A é matriz triangular inferior, então, os autovalores são os elementos da sua diagonal principal: $\lambda_1 = 5$; $\lambda_2 = -1$; $\lambda_3 = 3$.

b) B é matriz triangular superior, então, os autovalores são os elementos da sua diagonal principal: $\lambda_1 = -2$; $\lambda_2 = 30$; $\lambda_3 = 1$.

8) Calcule o determinante de $A = \begin{bmatrix} 1 & -2 & 1 \\ 0 & 2 & -8 \\ -4 & 5 & 9 \end{bmatrix}$ usando a matriz escalonada na forma triangular superior.

Solução

Escalonando a matriz dada temos:

$$\begin{bmatrix} 1 & -2 & 1 \\ 0 & 2 & -8 \\ -4 & 5 & 9 \end{bmatrix} \sim \begin{bmatrix} 1 & -2 & 1 \\ 0 & 2 & -8 \\ 0 & -3 & 13 \end{bmatrix} \sim \begin{bmatrix} 1 & -2 & 1 \\ 0 & 2 & -8 \\ 0 & 0 & 1 \end{bmatrix}$$

Como não foi feita a troca de nenhuma linha, temos t = 0. Decorre que o determinante da matriz original A é obtido por:

$\det A = (-1)^t \times$ (produto dos pivôs de U) $= (-1)^0 \times 1 \times 2 \times 1 = 2$

9) Determine os autovalores e o polinômio característico de $A = \begin{bmatrix} 5 & 2 & 8 & 0 \\ 0 & 1 & 1 & 2 \\ 0 & 0 & 3 & 1 \\ 0 & 0 & 0 & 5 \end{bmatrix}$

Solução

Matriz 4 X 4 os autovalores são em número de 4, a saber: $\lambda_1 = 5$, $\lambda_2 = 1$, $\lambda_3 = 3$, $\lambda_4 = 5$

Observe que $\lambda_1 = \lambda_4 = 5$; mesmo assim, temos quatro autovalores e o polinômio característico é de grau 4.

$$P_4(\lambda) = (5-\lambda)(1-\lambda)(3-\lambda)(5-\lambda) \Rightarrow$$

$$P_4(\lambda) = (5-\lambda)^2(1-\lambda)(3-\lambda) = \lambda^4 - 14\lambda^3 + 68\lambda^2 - 130\lambda + 75$$

Dizemos, então, que o autovalor $\lambda = 5$ tem multiplicidade 2

10) Determine os autovalores e autovetores da matriz $A = \begin{bmatrix} 4 & 5 \\ 2 & 1 \end{bmatrix}$

Solução

a) Determinação dos autovalores pela equação característica:

$$\begin{vmatrix} 4-\lambda & 5 \\ 2 & 1-\lambda \end{vmatrix} = 0 \Rightarrow (4-\lambda)(1-\lambda) - 10 = 0 \Rightarrow 4 - 5\lambda + \lambda^2 - 10 = 0$$

$$\lambda^2 - 5\lambda - 6 = 0 \Rightarrow \lambda_1 = -1 \text{ e } \lambda_2 = 6$$

b) Para $\lambda_1 = -1 \Rightarrow \begin{bmatrix} 4-(-1) & 5 \\ 2 & 1-(-1) \end{bmatrix}\begin{bmatrix} x \\ y \end{bmatrix} = \begin{bmatrix} 0 \\ 0 \end{bmatrix} \Rightarrow \begin{bmatrix} 5 & 5 \\ 2 & 2 \end{bmatrix}\begin{bmatrix} x \\ y \end{bmatrix} = \begin{bmatrix} 0 \\ 0 \end{bmatrix}$

$\Rightarrow \begin{cases} 5x + 5y = 0 \\ 2x + 2y = 0 \end{cases} \Rightarrow y = -x$

A solução do sistema homogêneo é $X = \begin{bmatrix} x \\ -x \end{bmatrix}$; x *variável livre*. Portanto, os autovetores são da forma: $v = x\begin{bmatrix} 1 \\ -1 \end{bmatrix}$; $x \neq 0$ (vetor nulo não é autovetor, daí a restrição $x \neq 0$).

c) Para $\lambda_2 = 6 \Rightarrow \begin{bmatrix} 4-6 & 5 \\ 2 & 1-6 \end{bmatrix}\begin{bmatrix} x \\ y \end{bmatrix} = \begin{bmatrix} 0 \\ 0 \end{bmatrix} \Rightarrow \begin{bmatrix} -2 & 5 \\ 2 & -5 \end{bmatrix}\begin{bmatrix} x \\ y \end{bmatrix} = \begin{bmatrix} 0 \\ 0 \end{bmatrix}$

$\Rightarrow \begin{cases} -2x + 5y = 0 \\ 2x - 5y = 0 \end{cases} \Rightarrow y = \frac{2}{5}x$

A solução do sistema homogêneo é $X = \begin{bmatrix} x \\ \frac{2}{5}x \end{bmatrix}$; x *variável livre*. Portanto, os autovetores são da forma: $v = x\begin{bmatrix} 1 \\ 2/5 \end{bmatrix}$; $x \neq 0$.

11) Mostre que se $A = \begin{bmatrix} 0 & 0 \\ 0 & 1 \end{bmatrix}$ então $\begin{bmatrix} 1 \\ 0 \end{bmatrix}$ é um autovetor associado ao autovalor $\lambda = 0$.

Solução

$A = \begin{bmatrix} 0 & 0 \\ 0 & 1 \end{bmatrix} \Rightarrow \lambda_1 = 0$ e $\lambda_2 = 1$ são autovalores de A

$$\begin{bmatrix} 0 & 0 \\ 0 & 1 \end{bmatrix} \begin{bmatrix} 1 \\ 0 \end{bmatrix} = \begin{bmatrix} 0 \times 1 + 0 \times 0 \\ 0 \times 1 + 0 \times 0 \end{bmatrix} = \begin{bmatrix} 0 \\ 0 \end{bmatrix},$$

Ocorre que o vetor nulo pode ser escrito como o resultado da multiplicação de qualquer vetor por zero. Escrevemos então,

$$\begin{bmatrix} 0 \\ 0 \end{bmatrix} = 0 \begin{bmatrix} 1 \\ 0 \end{bmatrix} \Rightarrow \text{o vetor } \begin{bmatrix} 1 \\ 0 \end{bmatrix} \text{ é um autovetor associado ao autovalor } \lambda = 0.$$

12) Calcular os autovetores do operador T(X) = (7x – 2y, –2x + 6y – 2z, –2y +5z), associados aos autovalores.

Solução

Matriz da transformação: $A = \begin{bmatrix} 7 & -2 & 0 \\ -2 & 6 & -2 \\ 0 & -2 & 5 \end{bmatrix}$

a) Determinação dos autovalores:

Equação característica: $\begin{vmatrix} 7-\lambda & -2 & 0 \\ -2 & 6-\lambda & -2 \\ 0 & -2 & 5-\lambda \end{vmatrix} = 0$

Calculando o determinante pela expansão em cofatores, vem:

$$(7-\lambda) \begin{vmatrix} 6-\lambda & -2 \\ -2 & 5-\lambda \end{vmatrix} - (-2) \begin{vmatrix} -2 & -2 \\ 0 & 5-\lambda \end{vmatrix} + 0 \begin{vmatrix} -2 & 6-\lambda \\ 0 & -2 \end{vmatrix} = 0$$

$$(7-\lambda)[-4 + (6-\lambda)(5-\lambda)] + 2[0 - 2(5-\lambda)] + 0 = 0$$

$$-28 + 4\lambda + (7-\lambda)(6-\lambda)(5-\lambda) - 20 + 4\lambda = 0$$

$$(7-\lambda)(6-\lambda)(5-\lambda) - 48 + 8\lambda = 0$$

Observe que, ao invés de efetuar a multiplicação, procuramos escrever a expressão em um produto, então, fatorando as duas últimas parcelas, obtemos:

$$(7-\lambda)(6-\lambda)(5-\lambda) - 8(6-\lambda) = 0$$

Daí, é possível identificar o fator comum $(6-\lambda)$, temos, então:

$$(6-\lambda)[(7-\lambda)(5-\lambda) - 8] = 0$$

Desenvolvendo a multiplicação dentro do colchete, obtemos o polinômio:

$$(6-\lambda)[35 - 12\lambda + \lambda^2 - 8] = 0 \Rightarrow$$
$$(6-\lambda)[\lambda^2 - 12\lambda + 27] = 0$$

Fatorando o polinômio de grau 2 pela propriedade das raízes, vem:

$$(6-\lambda)[(\lambda - 3)(\lambda - 9)] = 0$$

Agora, encontramos, facilmente, as raízes da equação característica:

$$(6-\lambda)(\lambda-3)(\lambda-9) = 0 \Rightarrow \begin{cases} 6-\lambda = 0 \therefore \lambda_1 = 6 \\ \lambda - 3 = 0 \therefore \lambda_2 = 3 \\ \lambda - 9 = 0 \therefore \lambda_3 = 9 \end{cases}$$

b) Determinação dos autovetores:

$$\begin{bmatrix} 7-\lambda & -2 & 0 \\ -2 & 6-\lambda & -2 \\ 0 & -2 & 5-\lambda \end{bmatrix} \begin{bmatrix} x \\ y \\ z \end{bmatrix} = \begin{bmatrix} 0 \\ 0 \\ 0 \end{bmatrix}$$

- Para $\lambda_1 = 6 \Rightarrow \begin{bmatrix} 7-6 & -2 & 0 \\ -2 & 6-6 & -2 \\ 0 & -2 & 5-6 \end{bmatrix} \begin{bmatrix} x \\ y \\ z \end{bmatrix} = \begin{bmatrix} 0 \\ 0 \\ 0 \end{bmatrix}$

$$\begin{bmatrix} 1 & -2 & 0 \\ -2 & 0 & -2 \\ 0 & -2 & -1 \end{bmatrix} \begin{bmatrix} x \\ y \\ z \end{bmatrix} = \begin{bmatrix} 0 \\ 0 \\ 0 \end{bmatrix} \Rightarrow \begin{bmatrix} 1 & -2 & 0 \\ -2 & 0 & -2 \\ 0 & -2 & -1 \end{bmatrix} \sim \begin{bmatrix} 1 & -2 & 0 \\ -2 & -4 & -2 \\ 0 & -2 & -1 \end{bmatrix} \sim$$

$$\begin{bmatrix} 1 & -2 & 0 \\ -2 & -4 & -2 \\ 0 & 0 & 0 \end{bmatrix} \Rightarrow \begin{cases} x - 2y = 0 \Rightarrow x = 2y \text{ ou } y = 1/2\, x \\ -4y - 2z = 0 \Rightarrow z = -2y \text{ ou } z = -x \end{cases}$$

Os autovetores associados a $\lambda_1 = 6$ são da forma: $v = \begin{bmatrix} x \\ 1/2\, x \\ -x \end{bmatrix} = x \begin{bmatrix} 1 \\ 1/2 \\ 1 \end{bmatrix}; x \neq 0$

- Para $\lambda_2 = 3 \Rightarrow \begin{bmatrix} 7-3 & -2 & 0 \\ -2 & 6-3 & -2 \\ 0 & -2 & 5-3 \end{bmatrix} \begin{bmatrix} x \\ y \\ z \end{bmatrix} = \begin{bmatrix} 0 \\ 0 \\ 0 \end{bmatrix}$

$$\begin{bmatrix} 4 & -2 & 0 \\ -2 & 3 & -2 \\ 0 & -2 & 2 \end{bmatrix} \begin{bmatrix} x \\ y \\ z \end{bmatrix} = \begin{bmatrix} 0 \\ 0 \\ 0 \end{bmatrix} \Rightarrow \begin{bmatrix} 4 & -2 & 0 \\ -2 & 3 & -2 \\ 0 & -2 & 2 \end{bmatrix} \sim \begin{bmatrix} 4 & -2 & 0 \\ 0 & 4 & -4 \\ 0 & -2 & 2 \end{bmatrix} \sim$$

$$\begin{bmatrix} 4 & -2 & 0 \\ 0 & 4 & -4 \\ 0 & 0 & 0 \end{bmatrix} \sim \Rightarrow \begin{cases} 4x - 2y = 0 \Rightarrow y = 2x \\ 4y - 4z = 0 \Rightarrow z = y = 2x \end{cases}$$

Os autovetores associados a $\lambda_2 = 3$ são da forma: $v = \begin{bmatrix} x \\ 2x \\ 2x \end{bmatrix} = x \begin{bmatrix} 1 \\ 2 \\ 2 \end{bmatrix}; x \neq 0$

- Para $\lambda_3 = 9 \Rightarrow \begin{bmatrix} 7-9 & -2 & 0 \\ -2 & 6-9 & -2 \\ 0 & -2 & 5-9 \end{bmatrix} \begin{bmatrix} x \\ y \\ z \end{bmatrix} = \begin{bmatrix} 0 \\ 0 \\ 0 \end{bmatrix}$

$$\begin{bmatrix} -2 & -2 & 0 \\ -2 & -3 & -2 \\ 0 & -2 & -4 \end{bmatrix} \begin{bmatrix} x \\ y \\ z \end{bmatrix} = \begin{bmatrix} 0 \\ 0 \\ 0 \end{bmatrix} \Rightarrow \begin{bmatrix} -2 & -2 & 0 \\ -2 & -3 & -2 \\ 0 & -2 & -4 \end{bmatrix} \sim \begin{bmatrix} -2 & -2 & 0 \\ 0 & 1 & 2 \\ 0 & -2 & -4 \end{bmatrix} \sim$$

$$\begin{bmatrix} 1 & 1 & 0 \\ 0 & 1 & 2 \\ 0 & 0 & 0 \end{bmatrix} \Rightarrow \begin{cases} x + y = 0 \Rightarrow y = -x \\ y + 2z = 0 \Rightarrow z = -1/2 y = 1/2 x \end{cases}$$

Os autovetores associados a $\lambda_3 = 9$ são da forma: $v = \begin{bmatrix} x \\ -x \\ 1/2 x \end{bmatrix} = x \begin{bmatrix} 1 \\ -1 \\ 1/2 \end{bmatrix}$; $x \neq 0$

13) Sendo A é uma matriz identidade I, n x n, encontre os autovalores e autovetores em R^n, associados aos autovalores.

Solução

$$I_{nxm} = \begin{bmatrix} 1 & 0 & \cdots & 0 \\ 0 & 1 & \cdots & 0 \\ \vdots & \vdots & \ddots & \vdots \\ 0 & 0 & \cdots & 1 \end{bmatrix}_{nxn} \Rightarrow \lambda_1 = \lambda_2 = \cdots = \lambda_n = 1$$ e todos os vetores não nulos do R^n

são autovetores da matriz identidade I, n x n, visto que, $\begin{bmatrix} 1 & 0 & \cdots & 0 \\ 0 & 1 & \cdots & 0 \\ \vdots & \vdots & \ddots & \vdots \\ 0 & 0 & \cdots & 1 \end{bmatrix} \begin{bmatrix} x_1 \\ x_2 \\ \vdots \\ x_x \end{bmatrix} = \begin{bmatrix} x_1 \\ x_2 \\ \vdots \\ x_x \end{bmatrix}$

14) Encontre os autovalores e autovetores da matriz $A = \begin{bmatrix} -16 & 10 \\ -16 & 8 \end{bmatrix}$

Solução

Equação característica:

$$\begin{vmatrix} -16 - \lambda & 10 \\ -16 & 8 - \lambda \end{vmatrix} = 0 \Rightarrow (-16 - \lambda)(8 - \lambda) + 160 = 0$$

$$-128 + 8\lambda + \lambda^2 + 160 = 0$$

$$\lambda^2 + 8\lambda + 32 = 0 \Rightarrow \lambda = \frac{-8 \pm \sqrt{8^2 - 4 \times 1 \times 32}}{2 \times 1} \Rightarrow \lambda = \frac{-8 \pm \sqrt{64 - 128}}{2}$$

$$\Rightarrow \lambda = \frac{-8 \pm \sqrt{64}}{2} \Rightarrow \lambda \notin R$$

As raízes da equação são raízes complexas: $\Rightarrow \lambda = \frac{-8 \pm 8i}{2} \Rightarrow -4 \pm 4i$

Logo, não existem autovalores reais nem autovetores associados a autovalores reais. Como dito anteriormente, só estudaremos o caso de autovalores reais.

15) Dado o operador linear T: $\mathbb{R}^2 \longrightarrow \mathbb{R}^2$; T(x, y) = (y, x) encontre os autovalores e autovetores associados.

Solução

Matriz canônica de T: $A = \begin{bmatrix} 0 & 1 \\ 1 & 0 \end{bmatrix}$

Equação característica:

$$\begin{vmatrix} 0-\lambda & 1 \\ 1 & 0-\lambda \end{vmatrix} = 0 \Rightarrow (-\lambda)(-\lambda) - 1 \times 1 = 0$$

$$\lambda^2 - 1 = 0 \Rightarrow \lambda^2 = 1 \Rightarrow \lambda = \pm\sqrt{1} \Rightarrow \begin{cases} \lambda_1 = -1 \\ \lambda_2 = 1 \end{cases}$$

a) Para $\lambda_1 = -1$, vem: $\begin{bmatrix} 0-(-1) & 1 \\ 1 & 0-(-1) \end{bmatrix} \begin{bmatrix} x \\ y \end{bmatrix} = \begin{bmatrix} 0 \\ 0 \end{bmatrix} \Rightarrow$

$\begin{bmatrix} 1 & 1 \\ 1 & 1 \end{bmatrix} \begin{bmatrix} x \\ y \end{bmatrix} = \begin{bmatrix} 0 \\ 0 \end{bmatrix} \Rightarrow \begin{cases} x + y = 0 \\ x + y = 0 \end{cases} \therefore y = -x$

Os autovalores associados são da forma v = (x, –x) = x (1, –1); x ≠ 0

b) Para $\lambda_2 = 1$, vem: $\begin{bmatrix} 0-1 & 1 \\ 1 & 0-1 \end{bmatrix} \begin{bmatrix} x \\ y \end{bmatrix} = \begin{bmatrix} 0 \\ 0 \end{bmatrix} \Rightarrow$

$\begin{bmatrix} -1 & 1 \\ 1 & -1 \end{bmatrix} \begin{bmatrix} x \\ y \end{bmatrix} = \begin{bmatrix} 0 \\ 0 \end{bmatrix} \Rightarrow \begin{cases} -x + y = 0 \\ x - y = 0 \end{cases} \therefore y = x$

Os autovalores associados são da forma v = (x, x) = x (1, 1); x ≠ 0

16) Determine uma base para o autoespaço associado aos autovalores $\lambda_1 = 1$ e $\lambda_2 = 5$, do operador linear T(X) = (5x, 2x + y).

Solução

Matriz canônica do operador: $A = \begin{bmatrix} 5 & 0 \\ 2 & 1 \end{bmatrix}$.

a) Para $\lambda_1 = 1$, vem:

$$\begin{bmatrix} 5-1 & 0 \\ 2 & 1-1 \end{bmatrix} \begin{bmatrix} x \\ y \end{bmatrix} = \begin{bmatrix} 0 \\ 0 \end{bmatrix} \Rightarrow \begin{bmatrix} 4 & 0 \\ 2 & 0 \end{bmatrix} \begin{bmatrix} x \\ y \end{bmatrix} = \begin{bmatrix} 0 \\ 0 \end{bmatrix} \Rightarrow$$

$$\begin{bmatrix} 4x \\ 2y \end{bmatrix} = \begin{bmatrix} 0 \\ 0 \end{bmatrix} \Rightarrow x = \begin{bmatrix} 0 \\ y \end{bmatrix}; y \text{ variável livre}$$

Uma base para o autoespaço associado a $\lambda_1 = 1$ é o $B = \left\{ \begin{bmatrix} 0 \\ 0 \end{bmatrix} \right\}$

b) Para $\lambda_2 = 5$, vem:

$$\begin{bmatrix} 5-5 & 0 \\ 2 & 1-5 \end{bmatrix} \begin{bmatrix} x \\ y \end{bmatrix} = \begin{bmatrix} 0 \\ 0 \end{bmatrix} \Rightarrow \begin{bmatrix} 0 & 0 \\ 2 & -4 \end{bmatrix} \begin{bmatrix} x \\ y \end{bmatrix} = \begin{bmatrix} 0 \\ 0 \end{bmatrix} \Rightarrow$$

$$\begin{bmatrix} 0 \\ 2x-4y \end{bmatrix} = \begin{bmatrix} 0 \\ 0 \end{bmatrix} \Rightarrow 2x - 4y = 0 \Rightarrow x = 2y$$

$$X = \begin{bmatrix} 2y \\ y \end{bmatrix}; \text{ y } \textit{variável livre}$$

Uma base para o autoespaço associado a $\lambda_2 = 5$ é $B = \left\{ \begin{bmatrix} 2 \\ 1 \end{bmatrix} \right\}$

EXERCÍCIOS DE FIXAÇÃO

6) Encontre os autovalores da matriz $A = \begin{bmatrix} 1 & 0 & 0 & 0 & 0 \\ 4 & 0 & 0 & 0 & 0 \\ 7 & 5 & 2 & 0 & 0 \\ 0 & 2 & 3 & 1 & 0 \\ 1 & 1 & 8 & 3 & 5 \end{bmatrix}$

7) Considerando o operador linear T: $R^3 \longrightarrow R^3$; T(x, y, z) = (x, y, 0), encontre os autovalores e autovetores associados.

8) Determine os autovalores associados das matrizes:

a) $\begin{bmatrix} 1 & 2 \\ -1 & 4 \end{bmatrix}$ b) $\begin{bmatrix} 2 & 1 \\ 2 & 3 \end{bmatrix}$ c) $\begin{bmatrix} 0 & 1 \\ -1 & 0 \end{bmatrix}$

9) Determine o polinômio característico, os autovalores e os autovetores dos operadores lineares:

a) T: $R^2 \longrightarrow R^2$; T(x, y) = (2x + 7y, 7x + 2y)
b) T: $R^2 \longrightarrow R^2$; T(x, y) = (5x + 3y, −4x + 4y)
c) T: $R^3 \longrightarrow R^3$; T(x, y, z) = (x, −2x − y, 2x + 2y + 2z)

10) Determine uma base para o autoespaço associado a cada um dos autovalores dos operadores lineares indicados abaixo:

a) T(X) = (7x + 4y, −3x − y); $\lambda_1 = 1$ e $\lambda_2 = 5$
b) T(X) = (4x − 2y, −3x + 9y); $\lambda_1 = 3$ e $\lambda_2 = 10$

6.4 Diagonalização de matrizes

Similaridade

> **DEFINIÇÃO**
>
> Se A e B são matrizes n x n, então A é similar (ou semelhante) a B se existe uma matriz P, invertível, tal que $B = P^{-1}AP$, ou seja, escrito de modo equivalente, se $A = PBP^{-1}$.

> **EXEMPLO**
>
> $A = \begin{bmatrix} 1 & 1 \\ -2 & 4 \end{bmatrix}$ e $P = \begin{bmatrix} 1 & 1 \\ 1 & 2 \end{bmatrix}$
>
> Encontrando $P^{-1} = \dfrac{1}{(1 \times 2 - 1 \times 1)} \begin{bmatrix} 2 & -1 \\ -1 & 1 \end{bmatrix} = \begin{bmatrix} 2 & -1 \\ -1 & 1 \end{bmatrix}$
>
> Então existe a matriz B similar à matriz A, obtida por
>
> $B = P^{-1}AP \implies B = \begin{bmatrix} 2 & -1 \\ -1 & 1 \end{bmatrix} \begin{bmatrix} 1 & 1 \\ -2 & 4 \end{bmatrix} \begin{bmatrix} 1 & 1 \\ 1 & 2 \end{bmatrix} = \begin{bmatrix} 2 & 0 \\ 0 & 3 \end{bmatrix}$
>
> A transformação que aplica a matriz A na matriz $B = P^{-1}AP$ é chamada de *transformação de **similaridade***. Observe que similaridade, ou semelhança, não é igual à equivalência por linha.

> **CURIOSIDADE**
>
> Similaridade
>
> Os métodos numéricos (utilizados em computação científica) mais eficientes para estimar autovalores de matrizes de médio e grande porte (n ≥ 5) são baseados no teorema de similaridade. Um algoritmo muito conhecido é o *algoritmo* QR que produz, por iteração (por repetição), uma sequência de matrizes todas similares à matriz A, que são quase matrizes triangulares superiores cujos elementos da diagonal principal se aproximam dos autovalores de A.
>
> À medida que o número de iterações aumenta, a matriz produzida pelo algoritmo se aproxima, cada vez mais, de uma matriz triangular superior similar à matriz A, com elementos da diagonal principal cada vez mais próximos dos autovalores de A.

Propriedades

> (*i*) A é similar a A.

> (*ii*) Se A é similar a B, então B é similar a A.

> (*iii*) Se A é similar a B, e B é similar a C, então C é similar a A.

Teorema (sem demonstração)

Se A e B são matrizes similares, então A e B têm o mesmo polinômio característico, portanto os mesmos autovalores, com as mesmas multiplicidades.

Diagonalização

✍ DEFINIÇÃO

Uma matriz A, n x n, é diagonalizável se ela for similar a uma matriz diagonal, isto é, se $A = PDP^{-1}$ $\Rightarrow D = P^{-1}AP$, onde D é uma matriz diagonal. Dizemos, então que A pode ser diagonalizada.

Em geral, a informação sobre autovalores e autovetores de uma matriz A pode ser apresentada através de uma fatoração muito útil dessa matriz em $A = PDP^{-1}$.

Caracterização de matrizes diagonalizáveis

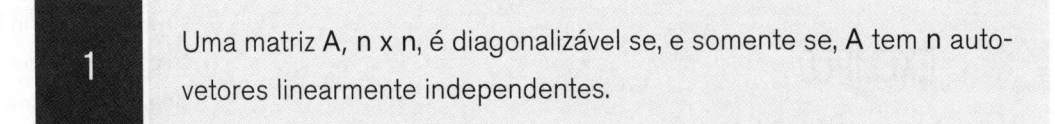

1	Uma matriz A, n x n, é diagonalizável se, e somente se, A tem n autovetores linearmente independentes.
2	$A = PDP^{-1}$ se, e somente se, as colunas de P são n autovetores de A, linearmente independentes.
3	$A = PDP^{-1}$, onde D é uma matriz diagonal, se, e somente se, os elementos da diagonal principal de D são os autovalores de A associados, respectivamente, aos autovetores em P.
4	Uma matriz A, n x n, é diagonalizável se, e somente se, todas as n raízes do polinômio característico são reais e distintas.

Temos, então, que A é diagonalizável se, e somente se, existirem autovetores suficientes para formar uma base para o R^n. Esta base é chamada de *base dos autovetores*.

★ EXEMPLO

Seja $A = \begin{bmatrix} 1 & 1 \\ -2 & 4 \end{bmatrix}$ com autovalores $\lambda_1 = 2$; $\lambda_2 = 3$ e autovetores associados, respectivamente, da forma: $v_1 = x(1, 1)$; $x \neq 0$ e $v_2 = x(1, 2)$; $x \neq 0$.

Em ambos autovetores, fazendo $x = 1$ temos: $v_1 = (1, 1)$ e $v_2 = (1, 2)$

Fazendo $P = [v_1 \quad v_2] = \begin{bmatrix} 1 & 1 \\ 1 & 2 \end{bmatrix}$ e encontrando $P^{-1} = \begin{bmatrix} 2 & -1 \\ -1 & 2 \end{bmatrix}$,

escrevemos $D = \begin{bmatrix} \lambda_1 & 0 \\ 0 & \lambda_2 \end{bmatrix} = \begin{bmatrix} 2 & 0 \\ 0 & 3 \end{bmatrix}$. Temos, então a fatoração de A em

$$A = PDP^{-1} = \begin{bmatrix} 1 & 1 \\ 1 & 2 \end{bmatrix} \begin{bmatrix} 2 & 0 \\ 0 & 3 \end{bmatrix} \begin{bmatrix} 2 & -1 \\ -1 & 1 \end{bmatrix} \Rightarrow$$

$$\begin{bmatrix} 1 & 1 \\ -2 & 4 \end{bmatrix} = \begin{bmatrix} 1\times2 + 1\times0 & 1\times0 + 1\times3 \\ 1\times2 + 2\times0 & 1\times0 + 2\times3 \end{bmatrix} \begin{bmatrix} 2 & -1 \\ -1 & 1 \end{bmatrix} \Rightarrow$$

$$\begin{bmatrix} 1 & 1 \\ -2 & 4 \end{bmatrix} = \begin{bmatrix} 2 & 3 \\ 2 & 6 \end{bmatrix} \begin{bmatrix} 2 & -1 \\ -1 & 1 \end{bmatrix} \Rightarrow$$

$$\begin{bmatrix} 1 & 1 \\ -2 & 4 \end{bmatrix} = \begin{bmatrix} 2\times2 + 3\times(-1) & 2\times(-1) + 3\times1 \\ 2\times2 + 6\times(-1) & 2\times(-1) + 6\times1 \end{bmatrix} \Rightarrow$$

$$\begin{bmatrix} 1 & 1 \\ -2 & 4 \end{bmatrix} = \begin{bmatrix} 1 & 1 \\ -2 & 4 \end{bmatrix} \, c.q.d.$$

(como queríamos demonstrar)

Potências de uma matriz

Uma aplicação muito útil da fatoração de uma matriz A, n x n, na forma A = PDP^{-1}, ocorre quando queremos encontrar potências de A, isto é, A^k; $k \in \mathbb{Z}_+^*$. Potências elevadas de uma matriz quadrada surgem naturalmente em muitas aplicações à engenharia; a diagonalização é, então, usada para simplificar os cálculos, quando a matriz pode ser diagonalizada.

Se A, n x n, for uma matriz diagonalizável, P uma matriz invertível e D uma matriz diagonal, então, da definição, A = PDP^{-1} $\Rightarrow$ D = P^{-1} AP.

Para k = 2, vem:

$$D^2 = (P^{-1} AP)^2 = (P^{-1} AP)(P^{-1} AP) = P^{-1} A(PP^{-1}) AP = P^{-1} AIAP \Rightarrow$$

$$D^2 = (P^{-1} AP)^2 = P^{-1} AAP = P^{-1} A^2 P \Rightarrow A^2 = PD^2 P^{-1}$$

Para $k \in \mathbb{Z}_+^*$, vem:

$$D^k = (P^{-1} AP)^k = P^{-1} A^k P = D^k \Rightarrow A^k = PD^k P^{-1}$$

⭐ EXEMPLO

Considere a matriz $A = \begin{bmatrix} 1 & 1 \\ -2 & 4 \end{bmatrix}$, diagonalizável, do exemplo anterior, $P = \begin{bmatrix} 1 & 1 \\ 1 & 2 \end{bmatrix}$ e $D = \begin{bmatrix} 2 & 0 \\ 0 & 3 \end{bmatrix}$, também encontradas no mesmo exemplo. Para obtermos a matriz A^4 basta efetuar:

$$A^4 = \begin{bmatrix} 1 & 1 \\ 1 & 2 \end{bmatrix} \left(\begin{bmatrix} 2 & 0 \\ 0 & 3 \end{bmatrix} \right)^4 \begin{bmatrix} 2 & -1 \\ -1 & 1 \end{bmatrix} = \begin{bmatrix} 1 & 1 \\ 1 & 2 \end{bmatrix} \begin{bmatrix} 2^4 & 0 \\ 0 & 3^4 \end{bmatrix} \begin{bmatrix} 2 & -1 \\ -1 & 1 \end{bmatrix}$$

$$A^4 = \begin{bmatrix} 1 & 1 \\ 1 & 2 \end{bmatrix} \begin{bmatrix} 16 & 0 \\ 0 & 81 \end{bmatrix} \begin{bmatrix} 2 & -1 \\ -1 & 1 \end{bmatrix} \Rightarrow$$

$$A^4 = \begin{bmatrix} 16 & 81 \\ 16 & 162 \end{bmatrix} \begin{bmatrix} 2 & -1 \\ -1 & 1 \end{bmatrix} = \begin{bmatrix} -49 & 65 \\ -130 & 146 \end{bmatrix}$$

Matrizes com autovalores não distintos

Se todas as raízes do polinômio característico de uma matriz A são reais, mas nem todas são distintas, então A pode ser ou não diagonalizável.

Se A, n x n, possui p autovalores distintos $\lambda_1, \lambda_2, \ldots, \lambda_p$, então:

1	Para $1 \leq k \leq p$, a dimensão do autoespaço para λ_k é menor ou igual que a multiplicidade do autovalor λ_k.
2	A matriz A é diagonalizável se, e somente se, a soma das dimensões dos autoespaços distintos é igual a n. Isso só acontece se, e somente se, a dimensão do autoespaço para cada λ_k for igual a multiplicidade de λ_k.
3	Se A é diagonalizável e $\mathcal{B}_k$ é uma base para o autoespaço associado a λ_k, o conjunto dos vetores $\mathcal{B}_1, \mathcal{B}_2, \ldots, \mathcal{B}_p$ forma uma base de autovetores para o $\mathbb{R}^n$ (para k = 1, 2, ..., p).

⭐ EXEMPLO

Considere a matriz $A = \begin{bmatrix} 0 & 0 & 0 \\ 0 & 1 & 0 \\ 1 & 0 & 1 \end{bmatrix}$, cujos autovalores são $\lambda_1 = 0$, $\lambda_2 = 1$ e $\lambda_3 = 1$; $\lambda_2 = 1$ é um autovalor de multiplicidade 2. Considerando o espaço solução da equação matricial $(A - \lambda I_3)X = 0$, vem:

- Para $\lambda_1 = 0$:

$$\begin{bmatrix} 0 & 0 & 0 \\ 0 & 1 & 0 \\ 1 & 0 & 1 \end{bmatrix} \begin{bmatrix} x \\ y \\ z \end{bmatrix} = \begin{bmatrix} 0 \\ 0 \\ 0 \end{bmatrix} \Rightarrow \begin{cases} x \text{ é variável livre} \\ y = 0 \\ z = -x \end{cases}$$

Então, podemos tomar como autovetor arbitrário $v_1 = (1, 0, -1)$

- Para $\lambda_2 = \lambda_3 = 1$:

$$\left(\begin{bmatrix} 0 & 0 & 0 \\ 0 & 1 & 0 \\ 1 & 0 & 1 \end{bmatrix} - 1 \begin{bmatrix} 1 & 0 & 0 \\ 0 & 1 & 0 \\ 0 & 0 & 1 \end{bmatrix} \right) \begin{bmatrix} x \\ y \\ z \end{bmatrix} = \begin{bmatrix} 0 \\ 0 \\ 0 \end{bmatrix} \Rightarrow$$

$$\begin{bmatrix} -1 & 0 & 0 \\ 0 & 0 & 0 \\ 1 & 0 & 0 \end{bmatrix} \begin{bmatrix} x \\ y \\ z \end{bmatrix} = \begin{bmatrix} 0 \\ 0 \\ 0 \end{bmatrix} \Rightarrow \begin{cases} x = 0 \\ y \text{ é variável livre} \\ z \text{ é variável livre} \end{cases}$$

Então, podemos tomar como autovetores arbitrários $v_2 = (0, 1, 0)$ e $v_3 = (0, 0, 1)$

Como o conjunto $\{v_1, v_2, v_3\}$ é linearmente independente, então a matriz A é diagonalizável.

RESUMO

Procedimento para a diagonalização

O processo de diagonalização de uma matriz A, **n x n**, pode ser sistematizado em etapas conforme roteiro abaixo:

1º passo: Encontrar os autovalores de A, resolvendo a equação característica correspondente. Se as raízes não forem todas reais, então, A não é diagonalizável.

2º passo: Para cada autovalor λ_j de multiplicidade k_j, encontrar uma base para o autoespaço associado a λ_j, pela resolução da equação $(A - \lambda_j I) X = 0$. Se a dimensão do autoespaço é menor que k_j, então, A não é diagonalizável.

3º passo: Montar a matriz $P = [v_1\ v_2\ ...\ v_n]$ com os autovetores obtidos no passo anterior, não importando a ordem dos vetores.

4º passo: Montar a matriz diagonal D com os n autovalores e fatorar a matriz A na forma da diagonalização $A = PDP^{-1}$.

EXEMPLOS

1) Diagonalizar a matriz $A = \begin{bmatrix} 0 & 0 & 1 \\ 0 & 1 & 2 \\ 0 & 0 & 1 \end{bmatrix}$, se possível for.

Solução:

1º passo: Encontrar os autovalores de A, resolvendo a equação característica

$$\begin{vmatrix} 0-\lambda & 0 & 1 \\ 0 & 1-\lambda & 2 \\ 0 & 0 & 1-\lambda \end{vmatrix} = 0 \Rightarrow (-\lambda)(1-\lambda)(1-\lambda) = 0$$

Autovalores: $\lambda_1 = 0$, $\lambda_2 = 1$ e $\lambda_3 = 1$. Logo, $\lambda_2 = 1$ é autovalor de multiplicidade 2.

2º passo: Para o autovalor $\lambda_2 = 1$ de multiplicidade 2, encontrar uma base para o autoespaço associado a λ_2, pela resolução da equação $(A - \lambda_j I) X = 0$.

$$\begin{bmatrix} 0-1 & 0 & 1 \\ 0 & 1-1 & 2 \\ 0 & 0 & 1-1 \end{bmatrix} \begin{bmatrix} x \\ y \\ z \end{bmatrix} = \begin{bmatrix} 0 \\ 0 \\ 0 \end{bmatrix} \Rightarrow \begin{bmatrix} -1 & 0 & 1 \\ 0 & 0 & 2 \\ 0 & 0 & 0 \end{bmatrix} \begin{bmatrix} x \\ y \\ z \end{bmatrix} = \begin{bmatrix} 0 \\ 0 \\ 0 \end{bmatrix} \Rightarrow$$

$$\begin{cases} -x + z = 0 \Rightarrow x = z \\ 2z = 0 \Rightarrow z = 0 \\ z \text{ é variável livre} \end{cases}$$

Autovetores associados a $\lambda_2 = 1$ são da forma $v = \begin{bmatrix} 0 \\ y \\ 0 \end{bmatrix}$, $y \neq 0$, logo a dimensão do espaço solução do sistema linear é 1. A dimensão do autoespaço é menor que a multiplicidade 2 do autovalor, não existindo dois autovetores linearmente independentes associados a $\lambda_2 = 1$.

Então, A não é diagonalizável.

2) Diagonalizar a matriz $A = \begin{bmatrix} 1 & 3 & 3 \\ -3 & -5 & -3 \\ 3 & 3 & 1 \end{bmatrix}$, se possível for.

Solução

1º passo: Encontrar os autovalores de A, resolvendo a equação característica

$$\begin{vmatrix} 1-\lambda & 3 & 3 \\ -3 & -5-\lambda & -3 \\ 3 & 3 & 1-\lambda \end{vmatrix} = 0 \Rightarrow -\lambda^3 - 3\lambda^2 + 4 = -(\lambda - 1)(\lambda + 2)^2 = 0$$

Autovalores: $\lambda_1 = 1$, $\lambda_2 = -2$ e $\lambda_3 = -2$. Logo, $\lambda_2 = -2$ é autovalor de multiplicidade 2.

2º passo: Para o autovalor $\lambda_2 = -2$ de multiplicidade 2, encontrar uma base para o autoespaço associado a λ_2, pela resolução da equação $(A - \lambda_j I) X = 0$.

$$\begin{bmatrix} 1+2 & 3 & 3 \\ -3 & -5+2 & -3 \\ 3 & 3 & 1+2 \end{bmatrix} \begin{bmatrix} x \\ y \\ z \end{bmatrix} = \begin{bmatrix} 0 \\ 0 \\ 0 \end{bmatrix} \Rightarrow \begin{bmatrix} 3 & 3 & 3 \\ -3 & -3 & -3 \\ 3 & 3 & 3 \end{bmatrix} \begin{bmatrix} x \\ y \\ z \end{bmatrix} = \begin{bmatrix} 0 \\ 0 \\ 0 \end{bmatrix} \Rightarrow$$

$x + y + z = 0 \Rightarrow y$ e z *variáveis livres*.

Logo, a dimensão do espaço solução do sistema linear é 2, igual à multiplicidade do autovetor. Então A é diagonalizável.

Dois autovetores associados a $\lambda_2 = -2$ são: $v_2 = \begin{bmatrix} -1 \\ 1 \\ 0 \end{bmatrix}$ e $v_3 = \begin{bmatrix} -1 \\ 0 \\ 1 \end{bmatrix}$

Para o autovalor $\lambda_1 = 1$, vem:

$$\begin{bmatrix} 1-1 & 3 & 3 \\ -3 & -5-1 & -3 \\ 3 & 3 & 1-1 \end{bmatrix} \begin{bmatrix} x \\ y \\ z \end{bmatrix} = \begin{bmatrix} 0 \\ 0 \\ 0 \end{bmatrix} \Rightarrow \begin{bmatrix} 0 & 3 & 3 \\ -3 & -6 & -3 \\ 3 & 3 & 0 \end{bmatrix} \begin{bmatrix} x \\ y \\ z \end{bmatrix} = \begin{bmatrix} 0 \\ 0 \\ 0 \end{bmatrix} \Rightarrow$$

$$\begin{cases} 3y + 3z = 0 \Rightarrow z = -y \\ -3x - 6y - 3z = 0 \\ 3x + 3y = 0 \Rightarrow x = -y \end{cases} \Rightarrow x = z \text{ e } y = -x$$

Um autovetor associado a $\lambda_1 = 1$ é: $v_1 = \begin{bmatrix} 1 \\ -1 \\ 1 \end{bmatrix}$

3º passo: Montar a matriz $P = [v_1 \ v_2 \ v_3)] = \begin{bmatrix} 1 & -1 & -1 \\ -1 & 1 & 0 \\ 1 & 0 & 1 \end{bmatrix}$

4º passo: Montar a matriz diagonal D com os n autovalores e fatorar a matriz A na forma da diagonalização $A = PDP^{-1}$.

$$A = \begin{bmatrix} 1 & 0 & 0 \\ 0 & -2 & 0 \\ 0 & 0 & -2 \end{bmatrix}$$

Para escrever na forma fatorada é preciso encontrar P^{-1} (lembra-se de como encontrar?)

$$\begin{bmatrix} 1 & -1 & -1 & | & 1 & 0 & 0 \\ -1 & 1 & 0 & | & 0 & 1 & 0 \\ 1 & 0 & 1 & | & 0 & 0 & 1 \end{bmatrix} \sim$$

$$\begin{bmatrix} 1 & 0 & 0 & | & 1 & 1 & 1 \\ 0 & 1 & 0 & | & 1 & 2 & 1 \\ 0 & 0 & 1 & | & -1 & -1 & 0 \end{bmatrix} \text{ Verifique!!!}$$

$$P^{-1} = \begin{bmatrix} 1 & 1 & 1 \\ 1 & 2 & 1 \\ -1 & -1 & 0 \end{bmatrix}$$

Escrevemos, então:

$$A = PDP^{-1} \Rightarrow \begin{bmatrix} 1 & 3 & 3 \\ -3 & -5 & -3 \\ 3 & 3 & 1 \end{bmatrix} = \begin{bmatrix} 1 & -1 & -1 \\ -1 & 1 & 0 \\ 1 & 0 & 1 \end{bmatrix} \begin{bmatrix} 1 & 0 & 0 \\ 0 & -2 & 0 \\ 0 & 0 & -2 \end{bmatrix} \begin{bmatrix} 1 & 1 & 1 \\ 1 & 2 & 1 \\ -1 & -1 & 0 \end{bmatrix}$$

Diagonalização de matrizes simétricas

Se T: $R^n \longrightarrow R^n$ é um operador simétrico, isto é, a matriz canônica da transformação é uma matriz simétrica, a equação característica dessa matriz tem apenas raízes reais, correspondendo a autovalores reais distintos. Observe que os autovetores correspondentes aos autovalores são ortogonais (sem demonstração).

Da definição, a matriz canônica de T, A, n x n, é diagonalizável pela fatoração

$$A = PDP^{-1} \Rightarrow D = P^{-1} AP$$

No caso particular de A ser simétrica, P será uma matriz de uma base ortogonal. Por conveniência, pode-se querer uma base além de ortogonal, que seja ortonormal, bastando para isso normalizar os vetores, isto é, obter o versor.

Pelo fato da matriz P ser ortogonal, tem-se: $P^{-1} = P^t$ (matriz transposta). Temos, então:

$$D = P^{-1} DP \Rightarrow D = P^t AP$$

Dizemos que P diagonaliza A ortogonalmente.

⭐ EXEMPLO

Considere $A = \begin{bmatrix} 5 & 3 \\ 3 & 5 \end{bmatrix}$. Determine P que diagonaliza A ortogonalmente.

Solução

Autovalores obtidos por:

$$\begin{vmatrix} 5-\lambda & 3 \\ 3 & 5-\lambda \end{vmatrix} = 0 \Rightarrow (5-\lambda)^2 - 9 = 0 \Rightarrow \lambda^2 - 10\lambda + 16 = 0$$

$$\lambda_1 = 8 \text{ e } \lambda_2 = 2$$

Matriz diagonal: $A = \begin{bmatrix} 8 & 0 \\ 0 & 2 \end{bmatrix}$

Autovetores associados aos autovalores:

- Para $\lambda_1 = 8 \Rightarrow \begin{bmatrix} 5-8 & 3 \\ 3 & 5-8 \end{bmatrix} \begin{bmatrix} x \\ y \end{bmatrix} = \begin{bmatrix} 0 \\ 0 \end{bmatrix} \Rightarrow -3x + 3y = 0 \Rightarrow x = y$

$$v = (x, x) = x(1, 1) \Rightarrow v_1 = (1, 1), \text{ normalizado: } v_1 = \left(\frac{1}{\sqrt{2}}, \frac{1}{\sqrt{2}}\right)$$

OBSERVAÇÃO

$|v_1| = \sqrt{1^2 + 1^2} = \sqrt{2}$

- Para $\lambda_2 = 2 \Rightarrow \begin{bmatrix} 5-2 & 3 \\ 3 & 5-2 \end{bmatrix} \begin{bmatrix} x \\ y \end{bmatrix} = \begin{bmatrix} 0 \\ 0 \end{bmatrix} \Rightarrow -3x + 3y = 0 \Rightarrow x = -y$

$$v = (-y, y) = y(-1, 1) \Rightarrow v_2 = (-1, 1), \text{ normalizado: } v_2 = \left(-\frac{1}{\sqrt{2}}, \frac{1}{\sqrt{2}}\right)$$

Matriz P que diagonaliza A ortogonalmente: $P = \begin{bmatrix} \frac{1}{\sqrt{2}} & \frac{-1}{\sqrt{2}} \\ \frac{1}{\sqrt{2}} & \frac{1}{\sqrt{2}} \end{bmatrix}$

De fato, $D = P^t AP \Rightarrow \begin{bmatrix} \frac{1}{\sqrt{2}} & \frac{1}{\sqrt{2}} \\ -\frac{1}{\sqrt{2}} & \frac{1}{\sqrt{2}} \end{bmatrix} \begin{bmatrix} 5 & 3 \\ 3 & 5 \end{bmatrix} \begin{bmatrix} \frac{1}{\sqrt{2}} & \frac{-1}{\sqrt{2}} \\ \frac{1}{\sqrt{2}} & \frac{1}{\sqrt{2}} \end{bmatrix} = \begin{bmatrix} 8 & 0 \\ 0 & 2 \end{bmatrix}$ c.q.d.

Operadores lineares e autovetores

Dado um operador linear T: V ⟶ V, a cada base $\mathcal{B}$ de V corresponde uma matriz $T_\mathcal{B}$ que representa V na base $\mathcal{B}$. A base mais simples gera a matriz de T, na forma mais simples; esta forma é uma matriz diagonal.

Propriedades

1. Autovetores associados a autovalores reais distintos de um operador linear formam um conjunto linearmente independente.
2. Se T:V ⟶ V é um operador linear de dimensão finita n e possui n autovalores reais distintos, então, o conjunto $\mathcal{B} = \{v_1, v_2, ..., v_n\}$ formado pelos autovetores associados aos n autovalores é uma base de T.
3. De (2) segue que T:V ⟶ V, tal que dim (V) = n, com n autovalores reais distintos $\lambda_1, \lambda_2, ..., \lambda_n$ e autovetores associados $v_1, v_2, ..., v_n$, respectivamente então, podemos escrever

$$T(v_1) = \lambda_1 v_1 + 0 v_2 + \cdots + 0 v_n$$
$$T(v_2) = 0 v_1 + \lambda_2 v_2 + \cdots + 0 v_n$$
$$\vdots \qquad \qquad \ddots$$
$$T(v_n) = 0 v_1 + 0 v_2 + \cdots + \lambda_n v_n$$

> **COMENTÁRIO**
>
> Não deixe de exercitar resolvendo os exercícios propostos e, se ainda tiver alguma dúvida, fale com seu professor, procure discutir a solução dos exercícios com colegas.

O operador T, então, representado na base $\mathcal{B}$ pela matriz diagonal

$$T_\mathcal{B} = D = \begin{bmatrix} \lambda_1 & 0 & 0 & 0 \\ 0 & \lambda_2 & 0 & 0 \\ \vdots & \vdots & \ddots & \vdots \\ 0 & 0 & 0 & \lambda_n \end{bmatrix}$$

A matriz D é a mais simples representante do operador T.

EXERCÍCIOS DE FIXAÇÃO

11) Use o fato que $A = PDP^{-1} \Rightarrow A^k = PD^k P^{-1}$ para encontrar A^k conhecendo as matrizes P e D.

a) $P = \begin{bmatrix} 5 & 4 \\ 2 & 3 \end{bmatrix}$ e $D = \begin{bmatrix} 2 & 0 \\ 0 & 1 \end{bmatrix}$; $k = 4$

b) $P = \begin{bmatrix} 1 & 1 \\ -1 & -2 \end{bmatrix}$ e $D = \begin{bmatrix} 5 & 0 \\ 0 & 3 \end{bmatrix}$; $k = 3$

c) $P = \begin{bmatrix} -1 & 0 & -2 \\ 0 & 1 & 1 \\ 1 & 0 & 1 \end{bmatrix}$ e $D = \begin{bmatrix} 2 & 0 & 0 \\ 0 & 2 & 0 \\ 0 & 0 & 2 \end{bmatrix}$; $k = 13$

12) Considere a matriz A fatorada na forma $A = PDP^{-1}$, indicada abaixo. Encontre, por inspeção (sem cálculos), os autovalores e uma base para cada autoespaço.

a) $\begin{bmatrix} 2 & 2 & 1 \\ 1 & 3 & 1 \\ 1 & 1 & 1 \end{bmatrix} = \begin{bmatrix} 1 & 1 & 2 \\ 1 & 0 & -1 \\ 1 & -1 & 0 \end{bmatrix} \begin{bmatrix} 5 & 0 & 0 \\ 0 & 1 & 0 \\ 0 & 0 & 1 \end{bmatrix} \begin{bmatrix} 1/4 & 1/2 & 1/4 \\ 1/4 & 1/2 & -3/4 \\ 1/4 & -1/2 & 1/4 \end{bmatrix}$

b) $\begin{bmatrix} 0 & 0 & -2 \\ 1 & 2 & 1 \\ 1 & 0 & 3 \end{bmatrix} = \begin{bmatrix} -1 & 0 & -2 \\ 0 & 1 & 1 \\ 1 & 0 & 1 \end{bmatrix} \begin{bmatrix} 2 & 0 & 0 \\ 0 & 2 & 0 \\ 0 & 0 & 1 \end{bmatrix} \begin{bmatrix} 1 & 0 & 2 \\ 1 & 1 & 1 \\ -1 & 0 & -1 \end{bmatrix}$

13) Diagonalize as matrizes, se for possível.

a) $\begin{bmatrix} 1 & 0 \\ 6 & -1 \end{bmatrix}$

b) $\begin{bmatrix} 3 & -1 \\ 1 & 5 \end{bmatrix}$

c) $\begin{bmatrix} 9 & 1 \\ 4 & 6 \end{bmatrix}$

d) $\begin{bmatrix} 2 & 4 \\ 3 & 1 \end{bmatrix}$

e) $\begin{bmatrix} 5 & -1 \\ 1 & 3 \end{bmatrix}$

g) $\begin{bmatrix} -1 & 4 & -2 \\ -3 & 4 & 0 \\ -3 & 1 & 3 \end{bmatrix}$

f) $\begin{bmatrix} 2 & 3 & -1 \\ 0 & 1 & -4 \\ 0 & 0 & 3 \end{bmatrix}$

h) $\begin{bmatrix} 1 & 2 & 1 \\ -1 & 3 & 1 \\ 0 & 2 & 2 \end{bmatrix}$

14) A é uma matriz 4 x 4 com 2 autovalores. Os 2 autoespaços são bidimensionais. A é diagonalizável? Justifique.

15) Para cada matriz simétrica A, encontre uma matriz P que diagonalize A ortogonalmente.

a) $A = \begin{bmatrix} 3 & 1 \\ 1 & 3 \end{bmatrix}$

b) $A = \begin{bmatrix} 6 & -2 \\ -2 & 3 \end{bmatrix}$

6.5 Aplicação a cadeias de Markov

Continuando o tema visto na seção 5.5 sobre cadeias de Markov, em que $x_{k+1} = Px_k$, observamos que estas são interessantes quando fornecem um estudo comportamental de longo prazo. À medida que o número de observações aumenta, os vetores de probabilidade ou de estado tendem a um vetor fixo, dizemos, então, que o sistema ou processo de Markov atingiu o equilíbrio. O vetor fixo é denominado *vetor de estado estacionário* ou vetor de equilíbrio.

Em termos matemáticos, dizemos que o *vetor estacionário* q de uma *matriz estocástica* P satisfaz a equação PX = X. Isto é, Pq = 1q. Segue que o vetor estacionário é um auto vetor associado ao autovalor $\lambda = 1$. Observe que toda matriz estocástica tem um vetor estacionário.

EXERCÍCIOS RESOLVIDOS

17) Considere a matriz $P = \begin{bmatrix} 0{,}95 & 0{,}03 \\ 0{,}05 & 0{,}97 \end{bmatrix}$ e o vetor $q = \begin{bmatrix} 0{,}375 \\ 0{,}625 \end{bmatrix}$. Mostre que o vetor q é um vetor estacionário de P.

Solução

Se q é um vetor estacionário de P, então q é um autovetor de P associado ao autovalor $\lambda = 1$, isto é, Pq = 1q. De fato,

$\begin{bmatrix} 0{,}95 & 0{,}03 \\ 0{,}05 & 0{,}97 \end{bmatrix} \begin{bmatrix} 0{,}375 \\ 0{,}625 \end{bmatrix} = \begin{bmatrix} 0{,}95 \times 0{,}375 + 0{,}03 \times 0{,}625 \\ 0{,}05 \times 0{,}375 + 0{,}97 \times 0{,}625 \end{bmatrix} = \begin{bmatrix} 0{,}35625 + 0{,}01875 \\ 0{,}01875 + 0{,}60625 \end{bmatrix} = \begin{bmatrix} 0{,}375 \\ 0{,}625 \end{bmatrix}$

18) O resultado de um estudo com grande número de observações, relatado no exemplo da seção 5.5, em relação à ocorrência de incidentes no processo produtivo em uma indústria mostrou a obtenção da sequência de vetores de estado (vetores de probabilidade) pela transformação linear (matricial) do vetor de estado anterior para obtenção do vetor de estado seguinte.

Solução

Sendo a matriz estocástica (ou de transição) da cadeia de Markov correspondente

$$P = \begin{bmatrix} 0{,}67 & 0{,}5 \\ 0{,}33 & 0{,}5 \end{bmatrix} \text{ e o vetor de estado inicial } x^{(0)} = \begin{bmatrix} 1 \\ 0 \end{bmatrix}$$

encontramos a sequência obtida através da transformação dos vetores

$$x^{(1)} = T(x^{(0)}) = Px^{(0)} = \begin{bmatrix} 0{,}67 & 0{,}5 \\ 0{,}33 & 0{,}5 \end{bmatrix} \begin{bmatrix} 1 \\ 0 \end{bmatrix} = \begin{bmatrix} 0{,}67 \\ 0{,}33 \end{bmatrix}$$

$$x^{(2)} = T(x^{(1)}) = Px^{(1)} = \begin{bmatrix} 0{,}67 & 0{,}5 \\ 0{,}33 & 0{,}5 \end{bmatrix} \begin{bmatrix} 0{,}67 \\ 0{,}33 \end{bmatrix} = \begin{bmatrix} 0{,}6139 \\ 0{,}3861 \end{bmatrix} \cong \begin{bmatrix} 0{,}614 \\ 0{,}386 \end{bmatrix}$$

Considerando uma aproximação para três casas decimais, obtemos a sequência

$$x^{(3)} = T(x^{(2)}) = Px^{(2)} = \begin{bmatrix} 0{,}67 & 0{,}5 \\ 0{,}33 & 0{,}5 \end{bmatrix} \begin{bmatrix} 0{,}614 \\ 0{,}386 \end{bmatrix} = \begin{bmatrix} 0{,}60438 \\ 0{,}39562 \end{bmatrix} \cong \begin{bmatrix} 0{,}604 \\ 0{,}396 \end{bmatrix}$$

$$x^{(4)} = T(x^{(3)}) = Px^{(3)} = \cdots = \begin{bmatrix} 0{,}603 \\ 0{,}397 \end{bmatrix}$$

$$x^{(5)} = T(x^{(4)}) = \cdots = \begin{bmatrix} 0{,}603 \\ 0{,}397 \end{bmatrix}$$

A partir do dia 4, o vetor de estado é sempre igual, considerando uma aproximação para três casas decimais.

O vetor estacionário (ou vetor de equilíbrio) é o vetor $q = \begin{bmatrix} 0{,}603 \\ 0{,}397 \end{bmatrix}$. Isto significa que depois do quarto dia de observação a probabilidade de não ocorrer incidente é de aproximadamente 60% e 40% de ocorrer incidente.

Verifique que $\begin{bmatrix} 0{,}67 & 0{,}5 \\ 0{,}33 & 0{,}5 \end{bmatrix} \begin{bmatrix} 0{,}603 \\ 0{,}397 \end{bmatrix} = \begin{bmatrix} 0{,}603 \\ 0{,}397 \end{bmatrix}$, usando arredondamento para três casas decimais. Logo, **Pq** = 1**q**. Então, o vetor estacionário é um autovetor associado ao autovalor $\lambda = 1$ da matriz estocástica P.

Ocorre que nem todo processo de Markov atinge o equilíbrio. Se a matriz estocástica satisfizer a uma determinada propriedade o processo atinge um estado de equilíbrio. Oportunamente, em outra disciplina, você verá o estudo detalhado de probabilidade condicional e casos concretos de cadeias de Markov, matrizes estocásticas e vetor estacionário. Aguarde ou procure ler mais sobre o assunto.

19) Seja $P = \begin{bmatrix} 0,5 & 0,2 & 0,3 \\ 0,3 & 0,8 & 0,3 \\ 0,2 & 0,8 & 0,3 \end{bmatrix}$ a matriz estocástica de uma cadeia de Markov $x_{k+1} = Px_k$. Mostre que $v_1 = (0,3, 0,6, 0,1)$; $v_2 = (1, -3, 2)$ e $v_3 = (-1, 0, 1)$ são autovetores de P.

Solução:

a) Para $v_1 = (0,3, 0,6, 0,1)$, vem:

$$\begin{bmatrix} 0,5 & 0,2 & 0,3 \\ 0,3 & 0,8 & 0,3 \\ 0,2 & 0,8 & 0,3 \end{bmatrix} \begin{bmatrix} 0,3 \\ 0,6 \\ 0,1 \end{bmatrix} = \begin{bmatrix} 0,5 \times 0,3 + 0,2 \times 0,6 + 0,3 \times 0,1 \\ 0,3 \times 0,3 + 0,8 \times 0,6 + 0,3 \times 0,1 \\ 0,2 \times 0,3 + 0,8 \times 0,6 + 0,3 \times 0,1 \end{bmatrix} \cong \begin{bmatrix} 0,3 \\ 0,6 \\ 0,1 \end{bmatrix} \Rightarrow \lambda = 1$$

$v_1 = (0,3, 0,6, 0,1)$ é o vetor estacionário.

b) Para $v_2 = (1, -3, 2)$, vem:

$$\begin{bmatrix} 0,5 & 0,2 & 0,3 \\ 0,3 & 0,8 & 0,3 \\ 0,2 & 0,8 & 0,3 \end{bmatrix} \begin{bmatrix} 1 \\ -3 \\ 2 \end{bmatrix} = \begin{bmatrix} 0,5 \times 1 + 0,2 \times (-3) + 0,3 \times 2 \\ 0,3 \times 1 + 0,8 \times (-3) + 0,3 \times 2 \\ 0,2 \times 1 + 0,8 \times (-3) + 0,3 \times 2 \end{bmatrix} \cong$$

$$\begin{bmatrix} 1/2 \\ -3/2 \\ 1 \end{bmatrix} = \frac{1}{2} \begin{bmatrix} 1 \\ -3 \\ 2 \end{bmatrix} \Rightarrow \lambda = \frac{1}{2}$$

c) Para $v_3 = (-1, 0, 1)$, vem:

$$\begin{bmatrix} 0,5 & 0,2 & 0,3 \\ 0,3 & 0,8 & 0,3 \\ 0,2 & 0,8 & 0,3 \end{bmatrix} \begin{bmatrix} -1 \\ 0 \\ 1 \end{bmatrix} = \begin{bmatrix} 0,5 \times (-1) + 0,2 \times 0 + 0,3 \times 1 \\ 0,3 \times (-1) + 0,8 \times 0 + 0,3 \times 1 \\ 0,2 \times (-1) + 0,8 \times 0 + 0,3 \times 1 \end{bmatrix} =$$

$$\begin{bmatrix} -0,2 \\ 0 \\ 0,1 \end{bmatrix} \cong \begin{bmatrix} -1 \\ 0 \\ 1 \end{bmatrix} \Rightarrow \lambda = 0,2$$

IDEIA

Para saber mais sobre os tópicos estudados neste capítulo, pesquise na internet sites, vídeos e artigos relacionados ao conteúdo visto. E, ainda, procure ver aplicações de autovalores, autovetores e diagonalização de matrizes. Embora as aplicações mais interessantes necessitem de outros conhecimentos além da álgebra linear, vale a pena procurar aprender mais e alargar seus horizontes.

Uma sugestão de tema, Sequência de Fibonacci, como aplicação de diagonalização de matrizes para investigar, por exemplo, a propagação de uma característica genética herdada, a distribuição de folhas em determinadas árvores, arranjo de sementes de girassóis, entre outros.

REFERÊNCIAS BIBLIOGRÁFICAS

ANTON, Howard; RORRES, Chris. *Álgebra linear com aplicações*. Trad. Claus Ivo Doering. 8 ed. Porto Alegre: Bookman, 2001.

KOLMAN, Bernard. *Introdução à álgebra linear com aplicações*.Trad. Valéria de Magalhães Iório. 6 ed. Rio de Janeiro: LTC – Livros Técnicos e Científicos Editora, 1999.

LAY, David C. *Álgebra linear e suas aplicações*. Trad. Ricardo Camilier e Valéria de Magalhães Iório. 2 ed. Rio de Janeiro: LTC – Livros Técnicos e Científicos Editora, 1999.

STEINBRUCH, Alfredo; WINTERLE, Paulo. *Introdução à álgebra linear*. São Paulo: Pearson Education do Brasil, 1997.

IMAGENS DO CAPÍTULO

Desenhos, gráficos e tabelas cedidos pelo autor do capítulo.

GABARITO

6.2 Autovalores e autovetores

1) Sim, é autovalor
2) Não é autovalor
3) Sim, é um autovetor associado ao autovalor $\lambda = 6$
4) Não é autovalor
5) Sim, é um autovetor associado ao autovalor $\lambda = 3$

6.3 Equação característica

6) Autovalores são: $\lambda_1 = 1$; $\lambda_2 = 0$; $\lambda_3 = 2$; $\lambda_4 = \lambda_1 = 1$ e $\lambda_5 = 5$

7) Autovalor $\lambda_1 = 0$, com autovetores associados $v = z(0, 0, 1); z \neq 0$
   Autovalor $\lambda_2 = 1$, com autovetores associados $v = (x, y, 0); x \neq 0$ ou $y \neq 0$

8) a) $\lambda_1 = 3 \Longrightarrow v = y\begin{bmatrix}1\\1\end{bmatrix}; y \neq 0; \lambda_2 = 2 \Longrightarrow v = y\begin{bmatrix}2\\1\end{bmatrix}; y \neq 0$

   b) $\lambda_1 = 1 \Longrightarrow v = y\begin{bmatrix}-1\\1\end{bmatrix}; y \neq 0; \lambda_2 = 4 \Longrightarrow v = y\begin{bmatrix}1\\2\end{bmatrix}; y \neq 0$

   c) Não existem autovalores reais.

9) a) $P_2(\lambda) = \lambda^2 - 4\lambda - 45; \lambda_1 = -5 \Longrightarrow v = x(1, -1); x \neq 0$
   e $\lambda_2 = 9 \Longrightarrow v = x(1, 1); x \neq 0$

   b) $P_2(\lambda) = \lambda^2 - 9\lambda + 32$; não tem autovalores reais

   c) $P_3(\lambda) = -\lambda^3 + 2\lambda^2 + \lambda - 2; \lambda_1 = 1 \Longrightarrow v = z(3, -3, 0); z \neq 0$

$\lambda_2 = -1 \Longrightarrow v = z(0, -3, 2); z \neq 0$

$\lambda_3 = 2 \Longrightarrow v = z(0, 0, 1); z \neq 0$

10) a) Para $\lambda_1 = 1$; $\mathcal{B} = \left\{ \begin{bmatrix} -2/3 \\ 1 \end{bmatrix} \right\}$; para $\lambda_2 = 5$; $\mathcal{B} = \left\{ \begin{bmatrix} -2 \\ 1 \end{bmatrix} \right\}$

b) Para $\lambda_1 = 3$; $\mathcal{B} = \left\{ \begin{bmatrix} 2 \\ 1 \end{bmatrix} \right\}$; para $\lambda_2 = 10$; $\mathcal{B} = \left\{ \begin{bmatrix} -1 \\ 3 \end{bmatrix} \right\}$;

6.4 Diagonalização de matrizes

11) a) $A^4 = \dfrac{1}{7} \begin{bmatrix} 232 & -300 \\ 90 & -113 \end{bmatrix}$; b) $A^3 = \dfrac{1}{7} \begin{bmatrix} 223 & 98 \\ -196 & -71 \end{bmatrix}$; c) $A^{13} = \begin{bmatrix} -8190 & 0 & -16382 \\ 8191 & 8192 & 8191 \\ 8191 & 0 & 16383 \end{bmatrix}$

12) a) $\lambda_1 = 5$, $\mathcal{B} = \{(1, 1, 1)\}$; $\lambda_2 = \lambda_3 = 1$; $\mathcal{B} = \{(1, 0, -1), (2, -1, 0)\}$

b) $\lambda_1 = \lambda_2 = 2$, $\mathcal{B} = \{(-1, 0, 1), (0, 1, 0)\}$; $\lambda_3 = 1$; $\mathcal{B} = \{(-2, 1, 1)\}$

13) a) $P = \begin{bmatrix} 1 & 0 \\ 3 & 1 \end{bmatrix}$ e $D = P^{-1} A P = \begin{bmatrix} 1 & 0 \\ 0 & -1 \end{bmatrix}$

b) Não é diagonalizável

c) $P = \begin{bmatrix} 1 & 0 \\ 1 & -4 \end{bmatrix}$ e $D = P^{-1} A P = \begin{bmatrix} 10 & 0 \\ 0 & 5 \end{bmatrix}$

d) $P = \begin{bmatrix} 1 & 4 \\ -1 & 3 \end{bmatrix}$ e $D = P^{-1} A P = \begin{bmatrix} -2 & 0 \\ 0 & 5 \end{bmatrix}$

e) Não é diagonalizável

f) $P = \begin{bmatrix} -3 & 1 & -7 \\ 1 & 0 & -2 \\ 0 & 0 & 1 \end{bmatrix}$ e $D = P^{-1} A P = \begin{bmatrix} 1 & 0 & 0 \\ 0 & 2 & 0 \\ 0 & 0 & 3 \end{bmatrix}$

g) $P = \begin{bmatrix} 1 & 2 & 1 \\ 3 & 3 & 1 \\ 4 & 3 & 1 \end{bmatrix}$ e $D = P^{-1} A P = \begin{bmatrix} 3 & 0 & 0 \\ 0 & 2 & 0 \\ 0 & 0 & 1 \end{bmatrix}$

h) $P = \begin{bmatrix} 2 & 1 & 0 \\ 1 & 0 & 1 \\ 2 & 1 & -2 \end{bmatrix}$ e $D = P^{-1} A P = \begin{bmatrix} 3 & 0 & 0 \\ 0 & 2 & 0 \\ 0 & 0 & 1 \end{bmatrix}$

14) Sim. Porque a soma das dimensões dos autoespaços é igual à dimensão da matriz.

15) a) $P = \begin{bmatrix} \dfrac{1}{\sqrt{2}} & \dfrac{-1}{\sqrt{2}} \\ \dfrac{1}{\sqrt{2}} & \dfrac{1}{\sqrt{2}} \end{bmatrix}$ \qquad b) $P = \begin{bmatrix} \dfrac{-2}{\sqrt{5}} & \dfrac{1}{\sqrt{5}} \\ \dfrac{1}{\sqrt{5}} & \dfrac{2}{\sqrt{5}} \end{bmatrix}$

ANOTAÇÕES